越玩越聪明

YUEWAN YUECONGMING

奇妙一箩筐

马雪敏◎编著

天津出版传媒集团
天津教育出版社
TIANJIN EDUCATION PRESS

图书在版编目(CIP)数据

奇妙一箩筐 / 马雪敏编著. — 天津 : 天津教育出版社, 2013.4
(越玩越聪明)
ISBN 978-7-5309-7224-3

Ⅰ. ①奇… Ⅱ. ①马… Ⅲ. ①动物–青年读物②动物–少年读物③植物–青年读物④植物–少年读物 Ⅳ. ①Q95-49②Q94-49

中国版本图书馆 CIP 数据核字(2013)第 079863 号

越玩越聪明

奇妙一箩筐

出版人 胡振泰

编　　著 马雪敏
选题策划 袁　颖
责任编辑 王艳超
装帧设计 李　宏

出版发行 天津出版传媒集团
天津教育出版社
天津市和平区西康路 35 号　邮政编码 300051
http: // www . tjeph . com . cn

印　　刷 大厂回族自治县祥凯隆印刷有限公司
版　　次 2013 年 4 月第 1 版
印　　次 2013 年 4 月第 1 次印刷
规　　格 16 开(710 × 1000)
字　　数 100 千字
印　　张 10

定　　价 24.80 元

前言

毫无疑问，大自然母亲赋予动物许多神奇的特性。以鸟蛋为例——这可不是讨论鸡生蛋还是蛋生鸡的问题，只是看一个简单的事实：圆头蛋和尖头蛋，蛋的形状直接取决于亲鸟的栖息环境。生活在陆地上的鸟类产圆头蛋；而栖居在悬崖边的鸟类产尖头蛋，这样不会轻易滚落坠岸。

许多人认为海狸生性冲动，只会啃树干。众所周知，海狸只需六秒钟就能咬断直径约25厘米的树干。这并不是因为海狸心情焦虑，而是与牙齿有关。海狸如果不用牙齿咬东西，它的牙齿就会一直生长，直到刺穿下颚——而老鼠也是一样！

红毛猩猩会让我们以为它是爬树专家。但其中的秘密不为人知。说穿了会伤它们的自尊心。大约百分之五十的红毛猩猩都曾骨折或骨裂过，原因是它们经常从树上摔下来。

但对长颈鹿而言，它们的骨骼则显出另一种神奇特性。头颈又高又直的长颈鹿，堪称动物王国中最善于制造错觉的大师之一。如果要猜长颈鹿的脖子有多少根骨头，需要动用计算器吗？完全不必。长颈鹿头颈的骨骼数目与人类一样，共有七块。

在神秘的动物世界里，爱情仍然是“神圣”的。为得到心中理想的伴侣，它们有的温情脉脉，有的浪漫异常，有的以勇武赢得对方欢心，有的甚至甘愿为其送上宝贵的生命。

……

本书通过真实的故事，由专家和生物学家带领大家认识生物的多样性和生命发展演化的规律，并运用人类无限的智慧，去探索和发现隐藏在大自然背后的无穷奥秘。

目录

第一章　水城秘闻

第二章　同在蓝天下

第三章　奇妙一箩筐

第一章　水城秘闻

海啸我先知

“啊！这些鱼怎么长得怪怪的？”2005年，在印度洋海啸灾难发生之前，一群孩子在海上追逐嬉戏时发现了几种怪模怪样的鱼。可是他们谁也没有在意……

实际上，这些孩子发现的怪鱼属于深海鱼类，平时人们很难见到，而它们的出现是在告诉人们——快跑，海啸来了！

深海鱼类居住在海洋五百米到几千米深处，你听，下面是它们争先恐后在做自我介绍哪：

“啦啦啦，我们家族是没有眼睛的！我们凭借强大的感觉能力，确定方位并寻找食物。”

“嘿嘿，看看，我们的眼睛是不是像两盏探照灯？我们眼睛的构造如同水晶体，可以在短距离内看到许多深水动物放射的光线呢。”

“Hello，我叫巨喉鱼，是生活在深海里的土著家族。别看我浑身黑色，但浑身布满了发光器。我们家族的同胞，从早到晚都是张着嘴的，我们不费吹灰之力就可以吃得饱饱的。羡慕吧？”

“嗨！我们是叉齿鱼，我们上下颌的关节非常灵活，我做给你看看，哈哈，我们能吞食比我们身体大三倍的动物呢，我们的胃占身体的三分之一，我们吞下的食物可以先在胃里储藏起来，然后再慢慢地消化。”

“我们是锯颌鱼……”

“我们是皮条鱼……”

“我们是黑鲸犀鱼……”

“我们是固灯鱼……”

“我们是鞭吻鱼……”

“……我们各具特色。”

……

在海啸来临之前，因为受不了深海地震引起的水温骤升，深水鱼们才仓皇逃命，浮出海面。因为它们已经习惯了海水的巨大压力，浮到水面后，由于海水压力骤减而导致死亡。

所以，当人们看到一些深海鱼类浮到海面上死去时，千万不可掉以轻心，有可能过不了多长时间，凶神恶煞般的海啸就会疯狂席卷而来。

2011年3月11日，日本东部海域发生9.0级强震，并引发海啸。

海啸前，日本海啸灾区的渔民在离海滩非常近的水域发现许多海豚跃出海面，摆动着尾巴在水里游动。在3月9日到11日，海啸发生前三天，在海上打渔的渔民每天捕获到的鱼量，竟然剧增到以往打渔量的10到20倍，收入为往日的数十倍！殊不知，海啸就要来临！

科学家发现，在海啸来临之前深海鱼有预警。难道是它们具有预知旦夕祸福的神秘“第六感”吗？如果有，又如何证明呢？如没有，在海啸发生前，一些深海鱼为什么会出现集体大逃亡呢？怎样解释这些现象呢？

秘境追踪

让我们跟随科学家一起去探索——

地震引发的海啸在登陆之前，有明显的宏观前兆，在海边生活和工作的人都不难发现一些典型的特殊现象。

例如海水的暴退、暴涨等异常现象。海底发生地震，海底的地壳大范围、大幅度地沉降或隆起，海水随之大幅度下沉或大量聚集，出现海水异常暴退；距离震源较近的沿海就会看到海水异常暴涨现象。海水会突然下沉，并引起水向下沉的方向流动，从而出现迅速的退潮。

咆哮哥

同学们，通过我们和科学家的共同探索，你能回答下面这几个问题吗？

1.是深海鱼有“第六感”，能预知海啸发生的时间吗？

2.为什么深海鱼类会跑到海面上来呢？

3.为什么深海鱼类逃到水面上也是死路一条呢？

回音壁

1.深海鱼并没有“第六感”，它们也不能预知海啸发生的时间，而只是海啸等海洋异常活动的预报。

2.海啸到来之前，一些深海鱼类往往因受不了深海地震引起的水温骤升而仓皇逃命，浮出海面。

3. 由于深海鱼类已经习惯海水的巨大压力，浮到水面后，会由于海水压力的骤然减小而导致死亡。

谁的爸爸超级棒

每逢“父亲节”，你会送给爸爸什么礼物让他惊喜呢？

在动物王国里举行了一次“称职爸爸超级棒”的比赛。经过遴选，你知道谁的爸爸在这次大赛中夺得了冠军吗？哈哈，让我来告诉你吧，

是海马爸爸！在这次比赛海马爸爸中获得了冠军，海马爸爸超级棒！

在无边无际的海洋中，生活着一群让人难以捉摸的小精灵——海马。它们高昂着骏马般雄赳赳的头，长着一根灵活的尾巴，坚硬而多节的皮肤就像甲虫身披的铠甲。

好了，就让我们一起跟随女生物学家阿曼达·文森特走进海马王国，去探寻海马爸爸的争霸秘笈吧！

争霸秘笈

文森特穿着潜水服，潜入寒冷黑暗的海水中四处探寻。对于这些

让人类深感敬佩的海马爸爸，她想一探究竟。

文森特知道海马常常隐藏在浓密的海草中——哈哈，发现啦！你瞧啊，它们那弯曲小巧的尾巴，还有那闪亮的小眼睛。虽然海马很会自我保护，但还是在不经意间暴露了自己的踪迹。

海马很会寻找自己的庇护场所，甚至还可以随着周围环境的颜色变色呢。

看！这群海马四周有许多气泡冒出，它们刚才还是浑身一色，怎么转眼浑身就长出了那么多的小斑点啊？

哦？海马身上还会长出尖角呢！生物学家说海马的尖角可以帮助它们在海草丛生的海域抓住漂浮的海草，这样它们就可以很轻松地躲避在附近捕食的敌人的视线。它们的天敌是很多的，例如蟹类、金枪鱼和鳐鱼等。

突然，文森特发现了一个非常奇特的现象——海马宝宝是从海马爸爸的肚子里生出来的！海马爸爸长有一个具有子宫功能的育儿袋，在整个繁殖期，能够孕育出上千只小海马！

在这里，文森特和她的团队发现海马的繁殖期是7个月，海马是以父系为中心的，海马爸爸每天都固定黏在一片海草叶上。每到黎明，海马妈妈都例行拜访问安。海马妈妈会在众多的海马爸爸中很快地找到自己的“丈夫”。“夫妻”见面后，将尾巴紧紧缠绕在一起，先跳一段姿势优雅的舞蹈。然后，迈着炫耀的舞步在海草中穿行。这种仪式每天如此。看看，它们是多么恩爱啊！

几个钟头之后，舞步渐渐慢下来，但海马爸爸和海马妈妈的尾部仍紧紧缠绕在一起。

海马妈妈长着长长的产卵管，可将卵子排入海马爸爸的腹袋里。这些卵在海马爸爸的腹袋里经过数星期的孕育，便会孵化成小海马。躺在腹袋里的后代从爸爸的血液中汲取氧气和营养，等一天天长大以后，它们还会在腹袋里不停地乱动，让海马爸爸饱受折磨。

刚出生的小海马，大约有1厘米长，出生后不久就会自行摄食水中的小生物。据说海马的寿命只有4岁，但它们一生都在不停地生长，最长能长到30厘米呢。

哇塞！秘笈终于被我们找到了！在这场“称职爸爸”争霸赛中，海马爸爸就是这样通过独家秘笈摘下桂冠，成为最称职的超级棒爸爸的呀！

在我们人类社会中，父亲扮演着家庭守护者的角色。在自然界中，许多生物的爸爸们不是也能够做得很好吗？比如在这场争霸赛中胜出的海马爸爸，就是动物界中好爸爸的代表。作为实际上的孕育者，海马爸爸的一次孕期会长达10至25天，一次最多可以携带两千多只小海马幼体，简直是太伟大了！

高手挑战

好了，同学们，让我来考考你吧？

1. 海马王国里怀孕生子、繁衍后代的任务是由海马爸爸还是海马妈妈来完成的？

2. 小海马在哪里孵化长大？

武功秘笈

1. 海马王国里是由海马爸爸怀孕生子、繁衍后代的。

2. 在海马爸爸腹部的育儿袋中，小海马被孵化，渐渐长大。

百米吹蜡烛

在“冻结精彩瞬间——‘百米吹蜡烛’神枪手弹无虚发挑战赛”上，一条看起来很饥饿的鱼，在咸水河里游来游去，突然迅速浮到水面，身体垂直向上，嘴张呈一个“○”型，一股银白色水柱从它口中喷出，直射空中。这时，一只落在距水面一尺高的树叶上的飞虫应声跌入水中，飞虫来不及振翅飞走，鱼以闪电般的速度游过去将其吞食，然后尾巴一扭，“嗖”地消失了……

哇！太奇妙了。你知道吗？它就是这次挑战赛的擂主——生活在印度、东南亚、澳大利亚及西太平洋一带，赫赫有名的水中神射手——“弹无虚发”的射水鱼。

为什么大家尊称它为神射手呢？这名称究竟是怎么得来的？

射水鱼能够像水枪一样突然射出一股水柱，将昆虫等小动物从河边的树木上射杀下来。它既没有尖利的牙齿，本性也不凶猛，它们精确的打击本领是怎么练就的呢？

搏击擂台赛

我们随着德国科学家史蒂芬博士和他的助手们，一起观看开始动物王国的搏击擂台赛吧——

变色龙过来挑战了：“各位，我来表演捕食蟋蟀，看我的吧！”

只见变色龙的两只大眼睛转来转去，开始寻找猎物。突然，一只壮硕的蟋蟀从枯萎的树枝上蹦过来，一边还高声地唱着歌。说时迟，那时快，变色龙“嗖”地一声伸出舌头黏住了蟋蟀。

变色龙吃了蟋蟀，在原地左顾右盼的，这时又蹦来一只蟋蟀，还没等它落稳，变色龙用同样的方法又把这只蟋蟀吃掉了。一阵掌声响起，大家都称赞变色龙是捉虫的高手，但是还不能算挑战成功。变色龙睁大眼睛不高兴了，连声问："为什么？"大家异口同声地说："因为你捕食的距离太近了，就舌头那么远。"变色龙懊丧地爬走了。

射水鱼又来为大家表演射水的本领了。射水鱼说："我是自然界最神奇的射手，我所用的子弹是水柱，看，我的口腔上颌中央有一条凹槽，在看见猎物准备捕食的那一刹那，我就能将舌头抬起，低住凹槽，接着两侧鳃盖用力压缩，这时凹槽便形成了直径约1.5毫米的类似枪管的管状通道，然后我猛地紧闭鳃部，含在嘴里的水柱就从这个管状通道中迅速喷射而出。我还会利用舌尖来调节水柱的方向，确保水柱方向的准确性。"

说着，射水鱼把身体的大部分潜入水中，只把嘴巴露出水面，在口舌的压力下喷射出一个水柱，其射程远达1到2米，足以击中猎物，使它落入水中。

水面的枯枝上落着一只蜻蜓，水边的草叶上有蜘蛛、蛾子、苍蝇等小昆虫，有的猎物距离水面足足有1米远呢，可射水鱼跳跃能力极强，只见它纵身一跃，跳出水面，在空中划出一道优美的弧线，张开大嘴直接将那些昆虫吞入腹中。大家都惊呆了，还没等缓过神来，只见射水鱼又游到几米外的树旁水下，对准树枝上的一只小蜥蜴喷出一股水柱，将这只小蜥蜴打落水中后吃掉。这真是太神奇了！

水生物学家将这精彩的瞬间拍下，带回研究所进行深入研究。科学家们发现，射水鱼的嘴非常大，能储存足够的"子弹"——水，射水鱼在瞄准目标时，会使自己的身体与水面呈垂直状态。由于射水鱼的两只突出的大眼睛离嘴很近，这样就可以最大限度地克服光线折射产生的偏差，从而使水柱得以精确地击中猎物。一旦猎物一击不中，射水鱼还会像开机关枪一样，连续射击，直到把猎物击落为止，然后再似离弦之箭，飞速游过去，准确无误地把猎物吃进嘴里。这就是射水鱼“神射手”的一面。

我也来摆擂台

看过精彩瞬间，我要考考你喽：

1.射水鱼要击落悬浮在水面上的猎物，就要求动作快而准，以防猎物飞上岸，或者让其他同类抢了先。请问，射水鱼最远能射出几米的水柱？

2. 射水鱼是通过怎样独特的口腔结构完成射水的？

过　招

1.射水鱼最远能够射出2米的水柱。

2.射水鱼口腔上颌有一条凹槽，将舌头抬起抵住凹槽，两鳃加压，即可喷出水柱。

温柔诱惑，频频伤人

温柔诱惑，频频伤人，到底是怎么回事？

夏末，某国际海滨浴场，来此度蜜月的文涛夫妇先在沙滩上戏耍水枪，随后下海游泳。他们走了三十多米，水刚没到臀部。突然，一只直

径约半米的水母贴着文涛的身旁游过，蜇了他一下。文涛顿觉腿脚麻木，妻子扶他上岸，发现他两腿和腹部都被蜇伤。

在附近的医院里，医生为文涛涂抹药剂、打上吊瓶，但疼痛越发剧烈。病人咬住衣服，身体颤抖。晚上8点，文涛陷入休克和器官衰竭状态。11点，病人心跳停止。

一位参与急救的医生事后在其博客中发文说："我们根本无能为力……从气管插管里面出来的全是血浆样的液体，根本无法控制……去年该海滨死亡4例，凶手是同一种东西。"

凶手是北方沿海最常见的剧毒水母——沙蜇，一般被混称为海蜇。它的近亲、人工放养的绵蜇也会蜇人，但被蜇者最多只是痛一下而已。但沙蜇却不同，它的体形比其他海蜇大很多，因此危险也就更大。绵蜇可以用手捞起来，而沙蜇须用大网兜捕。它红色的触须，像是在警

告人们离它远点儿。

被沙蜇蜇一下，像是被鞭子抽了一下或是被电击了一下。危害程度要看蜇伤面积和受害人体质。大多数人皮肤红肿刺痛；少数过敏体质者会出现呕吐、腹痛和呼吸急促等症状；重者会出现休克和肺水肿，直至死亡，整个过程不超过10个小时。

温柔的你为何伤人？

多见于海洋腹地的危险的大型水母（比如沙蜇），如今由于数量增多，常会漂向海滩，与泳客争地盘。如果你看到水母漂浮在附近，请赶快躲避，千万不要因好奇去抚弄。它半透明的伞状头部看起来安静柔弱，下面的触须却是致命凶器。

水母靠触须上的刺丝囊保护自己（正是这个

原因,水母被归为刺胞动物)。触须一碰到你,就会缠绕上去,同时囊中弹出刺丝,刺进你体内,释放出肽类毒素,这是水母自我保护的方式。当你扯断触须,刺丝会仍然黏在伤口上,继续放毒。无论水母死活——即使裂成碎片被冲上沙滩,它的触须还是会蜇人。

有研究表明,水母毒素的毒性是海蛇毒素的250倍,是河豚毒素的450倍,会引发神经毒性、肝脏毒性及心脏毒性等。沙蜇毒素会使受害者全身毛细血管扩张,通透性增加,导致低血压、休克和肺水肿。中国南北诸海中还有多种剧毒水母,包括:僧帽水母、火水母、白色霞水母、夜光游水母、金黄水母、灯水母、疣灯水母和海月水母等等,它们的伤人机理和沙蜇类似。

掉入温柔的陷阱,该怎么办?

假如不慎被海蜇蜇了,正确及时的处理十分重要,以防止残留触须释放更多毒液。首先记住不可用淡水冲洗,那会促进更多毒素释放,应该用海水冲洗,最好是用醋冲洗。

在澳大利亚,一些海滨浴场常常备有大缸的醋。《纽约时报》的一篇文章说:"根据研究,醋可以使水母释放的毒刺丝囊失去活性。澳大利亚医学期刊显示,除去水母留下的触手后,把受伤的部位浸泡在醋里,可以减轻疼痛并'快速完全地'避免更多症状。"这一结论得到了多方专家的认可。

重症患者如何救治?很遗憾,目前尚无灵丹妙药。有医生提出用抑制蝎毒和蛇毒的吐根碱注射,也有人建议涂抹和内服蛇药,但目前任何治疗措施都不能保证伤者痊愈。

治本途径是研制针对水母毒素的抗体血清,但目前只有针对一种水母毒素的抗体血清。科学家还不完全清楚水母毒素的构成。2005年,《急救医学》杂志的一篇论文称:"由于水母毒素对热不稳定,且易自身聚集或与分离介质结合,分离纯化难度较大,因此学术界水母毒素的研究明显滞后于其他常见有毒动物毒素的研究。”

既然实验室尚无解毒良策，就无法指望一线医疗单位有什么好方。许多海滨医院并无针对水母蜇伤的专门治疗程序，只能提供普通抗炎和抗过敏治疗。一旦病情延误，发展到肺水肿，病人就难以抢救了。

亲爱的，你什么时候能不再伤人？

深秋的海滨浴场，北风萧瑟，水母也无影无踪，但来年夏天，它们

还会再来，开始是手掌大小，很快就大如锅盖，最后比车轮还要大。它们趁着炎夏捕食浮游生物，浅滩和降雨后低盐度的海域水是它们最爱的场所。

8月，水母开始进入浅海繁殖，它们会给泳者带来诸多麻烦。

当然如果这种脆弱的生物没有毒刺护身，或许早已灭绝了，不会繁衍生存长达6.5亿年之久。不管你喜欢与否，明年它们都会再回来。

温柔来袭

同学们，看看你会不会抵抗温柔的诱惑？

1.被沙蜇蜇一下，像是被鞭子抽了一下或是被电击了一下，如何确定它的危害程度呢？

2.想想看，在目前没有特效治愈方法的情况下，海滨管理部门如何帮助游人规避海蜇的伤害？

避开诱惑

1.被沙蜇蜇一下，危害的程度要看蜇伤面积和本人的体质。

2.在海滨竖立警示牌，提醒游客避免受伤，同时以多种途径加大宣传力度，让人们了解相关知识。

虚伪的眼泪

虚伪演出第一场

从东南亚沿海到澳大利亚深海区、河流、湖泊和多水的沼泽，这一带常常上演这样的情景剧：

一个庞然大物，血盆大口里密布着尖利的牙齿，坚硬的铠甲遍布全身，时刻做出准备吃人的姿态。形态狰狞丑陋，生性凶恶暴戾，它具有敏锐的视觉、听觉，虽然外貌笨拙，但动作却非常灵活。

白天它伏在林阴之下睡觉或潜游水底，夜间外出寻找食物。它极善于潜水，可以在水底潜伏10小时以上。当夜幕降临了，它就到陆地上捕猎食物。看到失群的野牛，它纵跳抓扑，野牛回头想跑，它就用它巨大的尾巴猛烈地横扫，野牛最终成为猎物，而它还在假惺惺地流泪呢了！

它就是爬行动物之王——鳄鱼。

虚伪演出第二场

一头巨大的野猪被鳄鱼扑倒，野猪并没有被咬死，而是被鳄鱼拖入水中，不一会儿野猪就被淹死了。鳄鱼一边流着眼泪，一边享受丰盛的大餐。鳄鱼的牙齿看似尖锐锋利，却是槽生齿，这种牙齿脱落下来后能够很快重新长出，可惜它也有缺点——不能撕咬和咀嚼食物。这就使它的双颌功能大减。既然不能撕咬和咀嚼食物，就只能像钳子一样

把食物“夹住”，然后囫囵吞下去。

虚伪演出第三场

鳄鱼扑到一条较大的鲸鱼，它用力把鲸鱼抛上陆地，使鲸鱼因缺氧而死。可是这个猎物太大了，它不能囫囵吞咽，于是鳄鱼就用它的大嘴“夹”着食物，猛烈地将其摔打在石头或树干上，直至把它摔软、摔碎，然后张口吞下。如果捕到更大的猎物，它干脆把猎物丢在一旁，任其自然腐烂，等烂到可以吞食了，再吞下去。

虽然鳄鱼的牙齿不能嚼碎食物，但是它却长了一个特殊的胃。这只胃不仅胃酸多而且酸度高，使鳄鱼有良好的消化功能。另外，鳄鱼会像鸡一样，经常吃些沙石，这些沙石能够帮助鳄鱼的胃磨碎食物，以促进消化。

鳄鱼是现存最大的爬行动物，它入水会游，登陆会爬，体壮力大，被称为“爬虫类之王”。最有趣的是，鳄鱼在吞噬食物的时候会流下眼泪。难道它有怜悯之心，会替自己的猎物伤心？如果不是，那鳄鱼流眼泪的原因会是什么呢？人们常将虚情假意的眼泪说成是“鳄鱼的眼泪”，其道理何在呢？

其实，鳄鱼流泪并不是因为它多愁善感。研究发现，这种“眼泪”是鳄鱼眼睛附近生着的一种腺体制作的恶作剧，只要鳄体吃食，这种附生腺体就会自然地排泄出一种盐溶液。这对生活中那些假慈善的伪君子是多么形象的讽刺！

摘下面具，找朋友

鳄鱼模样凶恶，行为凶残，在动物世界里臭名昭著，谁都远离它，为此鳄鱼很痛苦。它想：虽然我无法改变我这天生的模样和生活习性，但我必须找个朋友，假如是好朋友，我绝不会伤害它，要与它好好相处。

鳄鱼找朋友的信息迅速传了出去，但很多动物不敢轻信，害怕自投罗网。

一天，牙签鸟飞得又累又饿，落在岸边的一棵大树上休息。水中的鳄鱼正往岸上爬，一抬头看见了牙签鸟，非常高兴地看着牙签鸟说："你好啊！小朋友。"

见是鳄鱼，牙签鸟警惕地问："你叫我'小朋友'？"

"是啊！"鳄鱼诚恳地说："我想和你交个朋友。"

"但是我听说，与你交朋友是很可怕的，搞不好会被你吃掉。"

"那是偏见啊！我确确实实需要朋友，我想你就是最佳人选，我们可以互相帮助，互相受益的。"

"可是，怎样才能叫我相信你呢？有的坏蛋说的比唱的还好听，事实上却是口蜜腹剑哪！"

“找朋友当然不能只听其言，重要的是要观其行。请你相信我，我需要你这样的朋友帮助我清除牙垢，同时你的食物问题也得到了解决。”

牙签鸟惊讶地说：“我为你清除牙垢，还不一下子被你给吞了？”

鳄鱼摇摇头：“你为我清除牙垢是在帮助我啊，我感谢还来不及呢，怎么会吃你呢？”

牙签鸟见鳄鱼态度那么诚恳，而且自己也饿得难以忍受，就说：“我试试吧！”

鳄鱼一边说“谢谢”，一边张开血盆大嘴，牙签鸟飞过去，将鳄鱼牙缝中的食物叼出来吃掉……

牙签鸟真的没有被鳄鱼伤害，它们成了形影不离的好朋友。直到现在，鳄鱼和牙签鸟还友好相处。

面具识别

1.谁是入水能游，登陆能爬，体壮力大，被称为“爬虫类之王”的最大的爬行动物？

2.鳄鱼的眼泪不是多愁善感之泪，那么它为什么“流泪”？

还原真面目

1.鳄鱼。

2.鳄鱼眼睛附近生长着一种腺体，只要鳄鱼吃食，这种附生腺体就会自然地排泄出一种盐溶液。

我生活了好几个世纪

我们最长寿

一直以来，人类都羡慕龟鳖类的长寿，传说寿高千岁，它们是公认的“寿星”。它们的寿命非常长，一般能活几十

年甚至几百年。在爬行类动物及整个脊椎动物中，它们绝对可称得上是“长寿冠军”。

翻书查阅，验证真伪

今天的龟鳖均具有四肢及角质鳞片，用肺呼吸，并必须到陆地上产卵繁殖后代，这些特征说明它们无论是水生，还是水陆两栖，都是古代陆生龟鳖的后裔。

难以完成的记录

人类了解龟类个体年龄的方法是当龟类把幼体孵出后，做好标记及生存记录，在最适合龟类生活的环境下放养，并对龟类的幼体进行跟踪观察，许多年后它们死亡，通过减法就可算出它们的存活时间了。由于龟类一般活得比做记录的专家还要久，所以在多数情况下很难将对龟类的跟踪记录进行到底。

将龟龄探究到底

鉴别龟类年龄的方法，目前采用较多的是计算龟背甲盾片上的同心环纹，就像通过树木的生长年轮计算的树龄一样，大体上每一环纹代表一岁。

但是只凭此环纹计算也不完全准确，因为不同种类的龟其盾片上的环纹显著程度不同，有的非常明显，比如乌龟与黄缘盒龟；有的不很明显，比如某些陆龟；有些种类的幼龟一孵出来就有放射纹；而过于年长的龟，盾片环纹因自然磨损而模糊不清；有的小型龟长到一定年龄，即龟重0.35千克至1.0千克时，龟甲会自然脱换，还有龟盾片环纹数不一致等现象。

相对而言，较准确的鉴别是通过综合盾片环纹、颌缘及爪的磨损程度、四肢长骨磨片或椎骨的环纹，以及依照龟类品种、龟体大小、重量、捕获环境、性成熟情况、生长速度等加以综合判断或推测。而且一般龟龄在10岁前的，从外观用肉眼容易判断，龟龄越老，越不易用肉眼辨认。

应该说，除有些放生龟背甲常刻有龟龄或放生年号标记外，更准确的鉴别只能用放射性同位素衰变的现代科学方法了。鳖类的年龄鉴别可参考龟类，因仅在鳖甲骨上有生长痕迹，鉴别的难度就更大了。

有关龟鳖长寿的记录三则

1.1978年，广东省梅州市重修城南梅江畔上之观澜亭，在建筑过程中，人们搬动原来柱基千斤巨石时，发现柱基下有一只活龟，重3.5千克，还在微微颤动。这只龟的龟体大且扁平，背上还有明显的被巨石压过的印迹。据《嘉应州志》记载，此观澜亭建于乾隆十一年，即公元1764年。据说建亭时，梅州某官员命人在石柱下压一只活龟，以保佑他官运、财运和长寿。压在石柱之下两百多个春秋，不吃不喝，甚至还要承受千斤巨石的压力，却仍能存活，这真让人难以置信，至少目前在科学上是无法解释的。

2.1984年，河南省南阳市曾展出一只体重190千克的乌龟，据称龟龄高达1050岁。

3.1990 年 4 月，广州市文化公

园展出一只锯缘摄龟，体重不足20千克，但背壳盾片深度磨损，并且13块盾片比例失调，据有关专家分析，此龟长期被压在岩石下，龟龄约有970岁至1200岁。

解析龟鳖类长寿的生理机制

对于龟鳖寿命的计算或多或少会有些误差，但它们是动物中长寿的佼佼者，这一点是不可否认的。那么，龟鳖类的长寿秘决是什么呢？

1. 龟鳖类具有极强的适应恶劣生存环境的能力。龟鳖类有角质盾片或骨质硬壳保护，遇到敌害，头尾和四肢均能缩入坚硬的龟壳鳖甲内。一般食肉动物的利爪坚牙或人畜的辗踩，对它们常常无可奈何，坚硬的外壳起到有效保护身体免受外界伤害的作用。

此外，龟鳖类属于"变温动物"，身体随环境温度变化而变化。在严寒的冬季或炎热的夏季就表现出蛰伏状态，即"冬眠"或"夏眠"。如果气温下降到10°C左右，水生与两栖龟鳖就沉入深水水底、淤泥或水草之中，整个冬季不吃不动，把新陈代谢降到最低水平，极少消耗自身贮存的能量，以度过寒冷的冬季。在天然条件下，龟鳖一生用在觅食、生长、繁殖等活动中的时间并不多，在多数时间它们都处在冬眠、夏眠等休眠状态中。

2. 龟鳖虽然生长与行动缓慢，性情温驯，新陈代谢水平低，但是感觉敏锐，调控能力强。

除个别食肉型龟鳖外，龟鳖大多性情温驯，生理耗氧与耗能不高。同时对气候、水文、方位等环境变化特别敏锐，对呼吸、营养即耗氧量、能量消耗等具有很强的适应调控能力。据美国佛罗里达大学海岸学家彼得·罗兹研究：乌龟在恶劣环境下能使自己的生理节奏放慢，进入假死状态。主要是降低龟脑的耗氧量，而使新陈代谢速率减慢90%。虽然平时乌龟脑要消耗一半能量，以维持脑部带电离子平衡，但是在特殊情况下它能关闭离子进出脑的通道，节省能量的消耗。乌龟的身体能释放神经传递腺苷和R-氨基丁酸。这两种物质能使乌龟脑在缺氧时完全依靠"酵解"即葡萄糖酵解获取最低供氧。在冬眠时或在淤泥下，龟鳖不能直接将头颈伸出水面用肺呼吸，而是通过口腔下部运动和腹腔小囊黏膜，来维持生存必需的微弱气体交换。

另据统计分析：海龟与淡水龟鳖到海、湖岸挖洞产蛋，在干旱年景所挖的蛋洞离水面较近，而洪涝年景蛋洞偏高。这说明龟鳖依其敏锐的感觉，能进行远期"天气预报"。还有大海龟千里返回出生地，多年放生江河的乌龟，再次返回主人家等事例，都能说明龟鳖有很强的定位和回归能力。

3.超强忍耐力。龟鳖类食性杂，具有良好适应能力，食物易得。在恶劣的环境中，又能长期忍饥挨饿而不至饿死。冬眠时，即便完全不进食，仍能顽强生存，且很少减重。

4.龟鳖性成熟很晚，“生物钟”迟缓，有利于延长生命。控制龟鳖个体发育节奏的“生物钟”比一般动物迟缓，细胞寿命很长。与其他古老爬行类动物、鱼类、鸟类、哺乳类等长寿动物相比，龟鳖类寿命是最长的，可算得上是动物界中的“老寿星”了。

长寿妙招大比拼

1.龟鳖类通过什么保护自己的身体?

2.龟鳖体温随环境温度变化而变化。在严寒的冬季或炎热的夏季就表现出蛰伏状态,也就是“冬眠”或“夏眠”。可见龟鳖属于恒温动物还是变温动物?

长寿秘笈大揭底

1.通过坚硬的龟壳鳖甲。

2.变温动物。

哺乳动物能下蛋?

哪些哺乳动物会下蛋呢?

生物学家发现原针鼹、针鼹和鸭嘴兽这些单孔目成员为卵生。它们没有牙齿,却具有喙,也没有外耳,后肢有毒距,所以它们是很罕见的有毒的哺乳动物。

单孔目是原兽亚纲现存的唯一代表,也就是说,它们是现存最原始的哺乳动物。

它们为什么被列为单孔目呢？因为它们的消化、生殖和泌尿管道均通入泄殖腔，有一个共同的开口。这类特征更接近于鸟类而有别于其他哺乳动物。

但是这些单孔目成员也具有很多哺乳动物的特征。它们体表被毛，也是通过哺乳的方式来养育下一代的。它们的心脏有四个室，同时它们的体温是比较恒定的。还有，它们的大脑比较发达，它们的下颌是由单块齿骨组成的——这一特征就是区分哺乳动物和类哺乳爬行动物的主要特征。

我是哺乳动物，我能下蛋

我的名字叫鸭嘴兽，你去动物园，见过我们吧？我们被人们称为爬行动物向哺乳动物演化的“活化石”呢。我们是单孔目中人们最熟悉的动物，我们还是澳洲的象征性动物之一。同中国的大熊猫一样，在澳大利亚我们是“国宝”级的动物。澳大利亚政府已制定法律保护我们，严禁人们捕猎，法律上还严格控制活体和标本的出口。

我们用乳汁哺育自己的孩子，我们也是浑身被毛，心脏里也具有横隔膜，这些都是哺乳动物的典型特征。因此我们可以自豪地说，我们是哺乳动物！但是我们不属于典型的哺乳动物，很多人把我们归类于现存的最古老、最原始、最低级的哺乳动物。

每年10月左右是交配期，不久之后妈妈就会产下1至3枚软壳蛋——每枚蛋的直径还不到两厘米，并像鸟一样开始孵蛋。宝宝小鸭嘴兽被孵化出来。体小、无毛、嘴短，非常可爱。

我们的哺乳方式在哺乳动物中是独一无二的。不要笑哦，我们是没有乳房的，所以我们的宝宝无法用奶头吃奶。妈妈们的乳腺位于腹

部,乳汁从一个小孔顺毛流出。当宝宝吃奶时，必须尽力爬到妈妈的肚子上。妈妈的奶水会流入腹部中线的一处无毛沟槽内，宝宝会用舔食的方式吃奶。

一般来说,我们会把家安在河边,我们的家可是我们亲手盖起来的——利用我们尖钩一般的爪子拍打出来的。我们主要以水中的鱼虾等生物为食。

因为我们的智力水平较高,能很好地适应恶劣的自然条件,所以才生存至今。虽然我们还是属于原始低等的哺乳动物,但我们却有锋利的脚爪，我们的后脚踝长有毒刺。鸭嘴兽爸爸后足也会长刺,内有毒汁,喷出可伤人,几乎与蛇毒相似。如果有人受毒距刺伤，会引起剧痛，数月才能恢复。鸭嘴兽妈妈出生时也有毒距,长大后消失。

这是我们的“护身符”，还能防御敌人的偷袭。你知道吗？我们还具有超强的游泳与潜水本领呢，我们的尾巴大而扁平，占体长的四分之一，在水里游泳时起着舵的作用。我们的鸭嘴质地柔软，似皮革一般，上面布满神经，能像雷达扫描器一般接收其他动物发出的电波。因此我们在水中游泳时是闭着眼睛的，靠鸭嘴寻找食物和辨明方向。我们的皮毛有油脂，能使身体在较冷的水中仍保持温暖。

见过我们的人都说我们长得的确太奇怪了。但是我们可以自豪地说：“在动物界，我们没有真正意义上的天敌！”羡慕吧！

记得我是谁

1.在澳大利亚我们是“国宝”级的动物，我们是谁？

2.由于雌鸭嘴兽没有乳房，所以小鸭嘴兽无法用奶头吃奶。雌鸭嘴兽的奶水会流入腹部中线的一处无毛沟槽内，小鸭嘴兽用什么方式吃奶？

当然记得了，我比你聪明

1.鸭嘴兽。

2.小鸭嘴兽用舔食的方式吃奶。

象龟——最古老的爬行动物

我们生活在太平洋附近的加拉帕戈斯群岛和塞舌尔群岛,我们的名字叫象龟,我们的四肢如同象脚一样粗壮可爱,名字也因此而来。传说中,龟是一种神奇的动物,在中国更是吉祥益寿的象征。我们象龟是动物界中的老寿星,是陆栖龟中的王者,人们还称我们为引水龟……总之,人们给予我们象龟很多荣誉称号。

我们有神奇的一面

有人会问，象龟那么庞大，靠什么填饱肚子啊？我们象龟通常以青草、野果和仙人掌等为食，每天大约消耗10千克食物。我们象龟的胃非常神奇，不但能消化掉如此多的食物，还能消化有毒的植物。例如，在加拉帕戈斯群岛上生长着一种怪树，它的果实是苹果状的，但是这种果实有剧毒，这种怪树的树汁，甚至能把人类的皮肤灼伤。可是我们象龟偶尔会吃这种怪树的果实，吃下去后，安然无恙，神奇吧？

找淡水？跟我走啊！

人们之所以称我们象龟为“引水龟”，是因为我们对饮用水很挑剔，我们不喝海水，只喝淡水。在海岛上，淡水可是特别稀缺的东西，但是我们象龟具有寻找淡水源的超级本领。旅行家只要跟随我们的足迹，一般都会找到淡水。

你一定会替我们担心，当我们找不到食物或者找不到淡水的时候，该怎么办？告诉你吧，我们象龟自有解决的办法！我们具有储存食物和水的本领。你一定很想知道我们的超强本领吧，听我慢慢讲给你听。

很简单，食物和淡水就储存在我们身上。我们象龟有一个异常坚硬的外壳，不仅可以保护躯体，还可以储存能量，这就像沙漠中的骆驼将能量储存在驼峰里一样。在我们找不到食物时，就会消耗储存的能量。我们象龟把淡水储存在膀胱内。每次遇到充足的淡水，我们肯定先美美地喝个饱，然后将一部分淡水储存起来。在缺乏淡水的地方，我们就靠肉质仙人掌中所含的水分来解渴。那么你肯定会问，为什么我们不消耗膀胱中所储藏的水呢？告诉你们吧，储藏淡水是为了维持生命，我们只有在实在找不到淡水时，才去消耗那些水。

我们是大力士

我们象龟不仅体型大，而且力气也大，但我们的性情却十分温和，从不恃强凌弱。比如，我们会让小鸟吃掉我们身上的寄生虫。有时候，我们象龟还会帮助人们从海边驮运各类海鲜呢。

古老的回忆

1.哪一种龟是最古老的爬行动物，有“陆栖龟中的王者”的美称？

2.旅行家只要跟随象龟的足迹，一般是可以找到淡水的，所以人类还把象龟称为什么？

记忆犹新

1.象龟。

2.人类还称它们为“引水龟”。

伤心的"哭声"

在动物园的蛙馆里，我们就能见到它们——灰褐色的娃娃鱼。尽管它们体表光滑无鳞但却有斑纹，假如把它们捞起来，你会发现它们浑身都是黏液，它们腹部的颜色比背部颜色浅。娃娃鱼的头部扁平而钝圆，它们的嘴非常大，但是它们的眼睛并不发达，它们是没有眼睑

的。它们的身体前部扁平，至尾部逐渐转为侧扁。它们的身体两侧有非常明显的肤褶，娃娃鱼的四肢都是短扁的，尾巴是圆形的，尾巴上下都有鳍状物。更奇特的是娃娃鱼的指和趾是前四后五的，你说奇怪吧？

你听说过吗？娃娃鱼还会哭呢！原来，娃娃鱼的叫声和人类婴儿的哭声一样。让我们去动物园看看……

叫声似哭声

娃娃鱼的学名叫大鲵，是世界上现存的一种最大、最珍贵、极其古老的两栖动物。它的叫声很像幼儿的哭声，因此人们为它取名为“娃娃鱼”。娃娃鱼是我国特有物种，是3亿年前与恐龙同一时代生存并延续下来的稀有物种，也是现存最大的两栖类动物，被人们称为“活化石”。娃娃鱼心脏结构十分特别，已经出现了一些爬行类动物的特征，具有非常重要的研究价值。

娃娃鱼生性凶猛，以食肉为主，有时也吃些水生昆虫、鱼、蟹、虾、蛙、蛇、鳖、鼠、鸟等。娃娃鱼的捕食方式十分特殊——守株待兔。娃娃鱼喜欢藏在山溪的石隙间，它们的洞穴一般在水面以下。白天，它们在自己舒服的家中酣然大睡。傍晚时，娃娃鱼才静静地守在滩口石堆中，等待食物的到来。发现猎物经过时，它们会进行突然袭击。因为娃娃鱼的口中长有尖而密的牙齿，所以猎物一旦进入它们口内一般是逃不掉的，但是娃娃鱼的牙齿却不能咀嚼，它们只是把食物囫囵吞进胃里，让食物在胃中慢慢消化。

娃娃鱼的耐饥本领很强。平时它们总是一动不动的，看上去十分懒惰的样子，但这正是娃娃鱼家族能活到今天的原因之一。娃娃鱼能够纹丝不动长达几个小时。由于机体新陈代谢缓慢，耐饥饿能力特别强，即使娃娃鱼两年不吃任何食物，依然可以安然无恙。但是它们也能暴食，饱餐一顿可增加体重的五分之一。当缺乏食物时，还会出现同类相残的现象，甚至会以卵充饥。

它哭得“伤心”是有原因的

事实上，只有当娃娃鱼碰到如意的异性时才会哇哇地“大哭”。假如你不留心，真的会以为有婴儿在哭泣呢。你说娃娃鱼是不是非常奇怪？

我又哭了

1.娃娃鱼在什么情况下会哇哇地“大哭”？

2.娃娃鱼的捕食方式是什么样的？

为它擦干眼泪

1．只有当娃娃鱼碰到如意的异性时才会哇哇“大哭”起来的。

2.娃娃鱼的捕食方式是守株待兔。

可爱的提灯女神

情景回放

正在深海中休息的琵琶鱼，头上的“小灯笼”不时地发出亮光。这时远处有一群小鱼正向这边游来，琵琶它不动声色，当小鱼游到它面前时，就突然张开自己的“血盆大口”，把这群小家伙吞到肚子里了。

那么，琵琶鱼的这个“小灯笼”究竟有什么作用呢？为什么人们叫它“提灯女神”呢？

我的神秘小灯笼

琵琶鱼又称“电光鱼”，它们身体扁平，头很大，背鳍和胸鳍发达，还有一条马鞭一样的长尾。尾根与鱼身衔接处长有一排锋利的的刺，刺尖可产生毒液。

在雌琵琶鱼头部的吻上有一个形状如钓竿的东西，末端有一个肉质的突起，看上去与一个小蠕虫差不多，这就是琵琶鱼的“小灯笼”，在生物学上被称为拟饵。

“小灯笼”能发光，是因为在“灯笼”内生有很多腺细胞，通过这些腺细胞来分泌光素，在光素酶的催化下，光素与氧发生缓慢的化学氧化而发出一种冷光。由于深海中缺少光线，而鱼类大多数都有趋光性，这样，琵琶鱼的“小灯笼”就成了它诱捕食物的有利武器。琵琶鱼的胃口非常大，科学家们竟然在它的胃中发现过鲨鱼的残骸。

琵琶鱼闪烁的“灯笼”不仅能吸引来小鱼，同时也能引来强敌。当引来一些凶猛强敌时，琵琶鱼就退缩了，迅速把小灯笼塞回嘴里，海洋又恢复一片漆黑，琵琶鱼在黑暗的掩护下仓皇而逃。强敌在突然变黑暗的海底无所适从，也只得扫兴离开。

需要说明一下哦，这个“小灯笼”，可是女士的特权，只有体形较大的琵琶鱼美女才有，而男士没有，所以，人们将拥有“小灯笼”的琵琶鱼称为“提灯女神”。

提灯女神的提问

1.琵琶鱼的发光器官在“钓竿”的哪个位置？

2.是每一只琵琶鱼都有“小灯笼”吗？

回复女神

1.在“钓竿”的末端。

2.不是，只有雌性琵琶鱼才有。

能上树去“度假”的鱼老哥

金科玉律

鸟生活在树上，鱼生活在水里。应该不会有人怀疑这一条“金科玉律吧”。

离奇的现实

最近，科学家发现了一种异常奇怪的鱼类。每年，它们都会躲到树上栖息几个月，进行无水“度假”。世界上真有这种奇特的鱼类吗？鱼离开水能存活吗？况且还是在树上，一待就是几个月……

一群科学家在伯利兹和佛罗里达沼泽地艰难跋涉时，发现了数百条游出水面，躲藏到腐烂的树枝和树干里“度假”的红树鳉鱼。经过观察科学家们发现，这种极其怪异的鱼类，每年都有几个月的时间躲到树上栖息，进行无水“度假”。在树上生活的几个月中，它们藏身在腐烂的树枝和树干里，并直接呼吸空气。

更令人感到意外的是，科学家还发现了红树鳉鱼身上另一个奇怪的现象，那就是，它们没有配偶竟然也能够“生儿育女”！能说这种鱼类不奇怪吗？

红树鳉鱼又叫花溪鳉鱼，主要生活在佛罗里达、拉丁美洲以及加勒比海地区长满红树林的沼泽地内，居住在泥泞的池塘和被洪水淹没的蟹洞里。当它们生活的池塘干涸时，它们就会寻觅新居。红树鳉鱼会沿着昆虫“开凿”的通道首尾相连地排成一条长队往树上爬——这完全突破了鱼类动物的生活习性。

那么，红树鳉鱼为何能适应水外的生活呢？原来，上树之后，红树鳉鱼用腮把水分及生存所需的营养物质储存起来，通过皮肤排出呼吸废物。数月之后，再回到水中，红树鳉鱼将会立刻恢复鱼类的本来生活方式。

此外，红树鳉鱼之所以不需要配偶就能生儿育女，是因为它们同时拥有雄性和雌性生殖器官，它们的卵可在体内受精，随后将微小的胚胎排到水中。

梦非梦

1.请问,能上树去“度假”的鱼老哥是谁?

2.红树鳉鱼没有配偶能够“生儿育女”吗?

梦醒时分

1.能上树去“度假”的鱼老哥是红树鳉鱼。

2.因为雌雄一体,红树鳉鱼没有配偶同样能“生儿育女”。

另一个世界的模样

同学们，你们都去过海洋馆吧？你曾透过玻璃观赏过那些形态各异的鱼在水里游来游去吗？当你与它们对视时，你可曾想过，在鱼的眼中，我们生活的这个世界是个什么样子吗？

在假日里，你钓过鱼吗？当你来到河边，还没有来得及抛下鱼钩，鱼却早已有所察觉，迅速逃跑了。你知道那是为什么吗？

鱼眼看世界

科学实验告诉我们，鱼眼中的世界与我们人类所看到的可大不一样！

我们人眼的水晶体是椭圆形的，能够看到较远处的物体，鱼眼的水晶体是圆球形的，它们只能看到较近的物体。可以说，鱼都是近视眼！科学家经过多次实验发现，鱼类几乎不能看到12米以外的物体，这与它们水晶体的弯曲度不能改变有关。但鱼的反应是非常机敏的，在水中，鱼能够通过光线的折射，看清陆地上的物体，而它们感觉到的距离要比实际的距离近得多，因而还没等人走近水边，鱼却觉得人已出现在它的头顶上了。

超常本领

海洋里的光环境是千变万化的，能把景物看清楚是很不容易的。科学家发现，鱼的眼睛有奇特的视觉功能，具有“眼观六路”的超常本领。这主要是因为它们有两种特别的感觉细胞，即感觉强光环境的圆锥细胞和感觉弱光环境的圆柱细胞。

你注意观察过吗？鱼的眼睛有大有小，形状也有所不同。在水下，感觉光线的强弱不同，就会出现鱼眼睛不同的生理结构。具体是这样的：生活在水深500米以下的鱼类，因为那里的光线非常弱，所以它们的眼睛很大，不然会看不见东西，位于这一水深的海鱼，眼睛圆柱细胞多，圆锥细胞少，这里的鱼类反应灵敏，眼睛特别是瞳孔非常大。栖息在水深2000米左右的深海鱼，恰恰相反，因为海底没有光线，眼睛即使再大也是没有用的。深水鱼类眼睛的水晶体经过长时期的演化与适应后就变成圆球形，折射率不断增大，远视功能得到加强，视野相对开阔，所以它们的眼睛就变得特别小，甚至完全退化了。科学家研究发现，它们的视角最大可达200度。

比记忆

1. 鱼眼有眼睑吗？

2. 鱼的眼睛有奇特的视觉功能，具有“眼观六路”的超常本领。这主要是什么原因？

我的记忆超级棒

1. 鱼眼没有眼睑。

2. 鱼的眼睛有奇特的视觉功能，具有“眼观六路”的超常本领。这主要是由于它们有两种特别的感觉细胞：即感觉强光环境的圆锥细胞和感觉弱光环境的圆柱细胞。

“水鬼”来了

“大鱼吃小鱼，小鱼吃虾米。”这是人们总结出来的水世界中弱肉强食的定律。但是，在南美洲亚马孙河流域的一些湖泊和河流中，有一种小鱼，具有极强的攻击性，极其凶残，人们叫它“水鬼”。

凶残的“水鬼”

我们都曾听说过或是看到过水鸟吃鱼的情景，但是你能想像出大鸟俯冲入水中，却被小鱼咬住，在水中挣扎后沉入水中的场景吗？这究竟是怎么回事呢？

美国探险家杜林用绳子绑住一头山羊推入水中，短短的几秒钟，湖水便剧烈地翻腾起来。5分钟之后，他拉起绳子一看，那只山羊仅剩下了一具骨骼，骨骼上的肉已被啃得一干二净。在巴西亚马孙河流域的马托格洛索州，每年大约有1200头牛在河中被“水鬼”吃掉，一些在水中玩耍的孩子和洗衣服的妇女，也时常会遭到“水鬼”的攻击。

那么，潜藏在这些湖泊和河流中的怪物究竟是什么呢？

探险家杜林把绳子拉上了岸，在山羊的胸腔骨里发现了几条奇形怪状，仅6厘米至7厘米长的小鱼，它们的头部两侧是黑色的，腹部是橙黄色的。奇怪的是，小鱼的嘴里都长着两排锋如利刃的牙齿，它们掉在草地上乱跳，碰到什么咬什么……

经生物学家研究发现，这正是亚马孙河流域特有的鱼类——食人鱼，当地人叫它“水鬼”。

在亚马孙河流域、南美洲安第斯山脉以东、加勒比海南岸至阿根廷北部的水域，生物学家发现了食人鱼的踪迹。据统计，食人鱼共有20多种。

凶猛残暴的特征

你别看食人鱼的体型小，但它的性情却非常凶猛残暴。只要被咬的猎物溢出血腥，食人鱼就变得格外疯狂，会用其锋利的小尖牙疯狂地撕咬切割，直至猎物仅剩下一堆骸骨为止。听着就让人不寒而栗，为什么食人鱼会这么厉害?

食人鱼的颈部很短，两颚短而有力，下颚突出，头骨特别是颚骨非常坚硬，牙齿尖锐，呈三角形，上下相互交错排列。这样的结构，上下颚

的咬合力就会大得惊人。它们咬住猎物后紧咬着不放，扭动身体将肉撕裂下来，牙齿的力量大到可以咬穿牛皮，咬透硬邦邦的木板，甚至能一口咬断钢制的钓鱼钩。这下你知道食人鱼的威力了吧。就连在水中称王称霸的鳄鱼，只要碰到了食人鱼，都会一改往日的威风，被吓得缩成一团，翻转身体面朝天，把坚硬的背部朝下，立刻浮上水面，鳄鱼这样做，是为了让食人鱼无法咬到自己的腹部，使得自己在小小的食人鱼嘴下逃生，从而实现自救。

食人鱼虽然视力较差，但是它们拥有高度发达的听觉。它们的视觉、嗅觉和对水波震动的灵敏感觉配合得非常协调，所以寻找到进攻的目标是很容易的。它们的胆量很大，敢攻击比它们自身大几倍甚至几十倍的大动物，并且它们还特别善于运用“围剿战术”。开始时，它们会咬住猎物的眼睛、尾巴等致命部位，使猎物瞬间丧失逃生的能力，然后食人鱼群一拥而上，疯狂地撕咬，猎物立即成为一堆白骨，其速度之快令人目瞪口呆。

食人鱼常常结队出没，在水少的水域，它们汇集成一大群，对经过此水域的动物或人进行攻击，给当地造成严重的伤害。

我是谁

你知道被人们称为“水鬼”的凶残怪物是什么吗？

瞒不过我

被称为“水鬼”的是食人鱼。

嫁不出去的“加州女”

美国加利福尼亚州海滩的景色真是美极了！情侣们成双成对地去那里度蜜月，令这里土生土长的加州雌蟹很是嫉妒！因为它们想找到自己的“如意郎君”是很困难的。为什么呢？是它们太挑剔了，还是这里的雄蟹太少呢？

你有适合我的住房吗？

在加利福尼亚州，对于雌蟹来说，找到中意的“蟹郎君”，可算是它们的头等大事了。这里的蟹美女，相亲上百次也不在话下。更为有趣的是，蟹美女相亲时，蟹帅哥竟然站在自己的洞穴前，向蟹美女舞出蟹钳——示意“美女，到这边来”。蟹美女要是对蟹帅哥满意的话，就会靠上去。蟹帅哥的洞穴入口都呈圆弧状的，蟹美女就会侧身钻入洞穴中。雌蟹十分注重自身的个头和栖身的洞穴的大小，洞穴的大小，将直接影响幼卵的发育和成熟，因此它们一上来就要打量一下蟹帅哥的洞穴规模。蟹美女会根据自己对洞穴的栖身感觉来判断这位蟹帅哥是否是自己最理想的“郎君”。

科学家根据多年的观察和研究，发现蟹美女平均要相亲23次才能找到满意的“郎君”。某些非常挑剔的蟹美女，自身的条件就与众不同，无形之中也就抬高了自己的“身价”，这样的加州蟹美女是需要一个挨一个地相亲的。有科学家跟踪统计过，一只蟹美女，竟然相看过了106个蟹帅哥也定不下终身大事！

重视“房型”是为下一代

绝大多数的加州蟹美女，都要考察几十个甚至上百个相亲对象，才能做出最后决定。哈哈，它们竟然在“相亲”上花费这么多的功夫，在动物界，可算是奇迹了！

雌蟹还会相当重视雄蟹居住的“房型”。因为，只有雄蟹洞穴的大小适宜，将来的幼蟹才能在每半个月一次的潮水高峰期孵化，这样幼蟹就能随潮水离开海湾，从而进入大海。假如雄蟹洞穴太小或太大，幼蟹就会在非高潮期被潮水带离海湾，就只能被甩到海边的近岸，这样很容易葬身于掠食者的“虎口”。

经研究发现，那些个头过大的蟹美女最不挑剔了，因为大部分雄蟹的洞穴它们都钻不进去，所以只能选择那些有限的“超大”雄蟹。看来，加州的雌蟹太难找到如意的“郎君”了，它们实在是太“难嫁”了！

选房喽

加州的蟹美女为了谁选房子？

加州“美女”看过来

为了下一代。

比眼镜蛇还“毒”

众所周知，眼镜蛇毒液的毒性非常强，但是，你知道吗，在海里，有两种动物比眼镜蛇还“毒”。

海　蛇

海蛇是生活在海洋里的爬行动物，体长1．5米至2米，喜欢在大陆架和海岛周围的浅水中栖息，在水深超过100米的开阔海域中很少见。

海蛇是一种毒蛇，它们的毒液比世界公认的“毒蛇之王”——眼镜蛇还厉害。海蛇毒液的成分是类似眼镜蛇毒的神经毒，然而奇怪的是，它的毒液对人体损害的部位主要是随意肌，而不是神经系统。海蛇咬人无疼痛感，且人被海蛇咬伤后30分钟甚至3小时内都没有明显中毒症状，然而这很危险，容易使人麻痹大意。实际上海蛇毒被人体吸收非常快。被咬伤的人，可能在几小时至几天内死亡。但一般情况下，海蛇不会主动攻击人，绝大部分的海蛇伤人事件，都是因为海蛇受到了骚扰。

澳大利亚箱形水母

澳大利亚箱形水母是世界十大最毒动物之一（其毒液的毒性也比眼镜蛇的厉害），是世界上毒性最强的水母，它们的触须上生长着数千

个储存毒液的刺细胞，人一旦被其触须刺中，3分钟之内就会死亡，且无药可救。唯一避免遭受澳大利亚箱形水母攻击的方法就是远离它们经常出没的海域。

提问

海蛇和眼镜蛇，哪个的毒液毒性更强？

回答

海蛇。

鱼儿受伤会痛吗?

痛的“权利”

你在体检的时候验过指血吧？被扎的那一小下，是不是感觉到了疼痛？我们人类和热血动物在受伤的时候都会感觉到疼痛。鱼儿受伤会感觉到痛吗？鱼类属于冷血动物，它们有痛感吗？脑部有新皮质的动物才有可能存在痛感。鱼类究竟有没有痛觉呢？它们被侵害时的乱蹦动跳，是因为疼痛还是一种反射呢？

不要再来伤害我

科学家选择和人类一样有骨骼系统的虹鳟鱼进行实验，对20条虹鳟鱼进行研究。虹鳟鱼的头部有58个特别的感受器，其中有22个感受器可以归类为痛觉感受器。在显微镜下，科学家发现这些感受器与人类的痛觉感受器特别相似，能将信号传递到大脑。这些感受器对一种或多种刺激都有反应，这些就是感受痛觉的基础。科学家对虹鳟鱼的嘴巴进行各种刺激，发现受刺激后鱼的心律、鱼腮开合的频率增加了30%，但是这种现象不能确定为痛觉反应，暂且归纳为一种本能的反射。

科学家对虹鳟鱼进行两组对比实验。在一组鱼的嘴唇注入醋酸，另一组注入盐水。结果发现，被注入醋酸的虹鳟鱼开始摇动身体，这和较高级的脊椎动物，在重压下脊椎动物的行为类似，而且被注入醋酸的虹鳟鱼还在容器底部的沙砾上磨嘴唇，并且恢复进食所需的时间比注射盐水的一组往后推迟2倍。从这一结论，我们可以推断出，这不是条件反射。科学家给被注入醋酸组的虹鳟鱼注射了止痛剂吗啡，很快这些鱼的行为又变正常了。

科学家根据上面的实验结果得出结论：虹鳟鱼有痛觉，它们和人一样，受到侵害时，首先进行躲避，然后有所反应。

找吗啡

在受到伤害和刺激后，鱼儿们有痛觉吗？

不会再伤害

鱼也有痛觉。

鲸鱼也有潜水病

好羡慕你哟

潜水员经常从很深的海底迅速上浮到水面，常会患有一种职业病——潜水病。人们很羡慕鲸鱼，认为鲸鱼只有在生病或垂死的时候

才会被冲上海滩，平时它们都生活在海底，不可能患上什么潜水病。

但是，最近生物学家发现，被冲上海滩的鲸鱼体内器官组织受损，和潜水员的症状非常相似。莫非，鲸鱼也会得潜水病吗？

深海王者的困惑

深海王者柯氏喙鲸，每每要潜到2000米的水下寻找食物，然后游到水面呼吸，这样就患上了潜水病，甚至还会死于这种让人类潜水员非常痛苦的疾病。

近10年来，美国海军连续5次记录到鲸在声呐测试点附近的海滩上搁浅而亡。声呐试验还导致6只柯氏喙鲸在巴哈马群岛的海滩上搁浅。

海洋生物学家研究发现声呐会使动物失去方向感，声呐发出的强烈声波，能使鲸鱼的情绪发生巨大的波动，变得暴躁而被迫浮出水面，最终导致搁浅。研究人员同时在鲸体组织中发现了小氮泡——这些鲸患上了人们常说的气栓症！这是一种潜水者过快上浮水面时往往会出现的病症。小氮泡损害了鲸的器官，这一发现为鲸鱼也会患上潜水病提供了有力的证据。

鲸在30米至80米的海底反复下潜时，氮泡体积在循环系统、大脑、肌肉和脂肪组织中增长。为了防止氮在体内积聚，鲸在潜水时就要以某种方式改变自己的潜水行为。如果鲸的肺在浅层潜水中没有收缩，就会增加压力将氮泡向组织中扩散，大大增加了气栓形成的危险性。

深海困惑

潜水员从很深的海底迅速上浮到水面后会患上一种疾病,叫什么病?

我来解惑

潜水病。

第二章　同在蓝天下

原来你也不是忠贞不渝的

恩爱的象征

一般人们都认为鸟类是最忠贞不渝的，在中国，鸳鸯还被称为是“守情鸟”呢，它们雌雄成双，形影不离，象征着夫妻之间的恩恩爱爱。

在著名的《孔雀东南飞》中有这样的词句："中有双飞鸟，自名为鸳鸯，仰头相向鸣，夜夜达五更……"诗中的鸳鸯爱情专一，对配偶忠诚无比，诗人以此来比拟主人公，象征焦、刘二人不渝的爱情。曾经有多少人为这真挚的情感而落泪呀！

原来你不是忠贞不渝

然而，生物学家研究发现，鸳鸯并非像人们想象的那样忠贞不渝，雌雄鸳鸯之间也并非生死与共。雌雄鸳鸯的确存在情深意长、形影不离的情境，但那只不过是在热恋时期。在雌雄鸳鸯交配之后，它们就会分道扬镳，抚育小鸳鸯的重任，完全落在了雌鸳鸯身上。

生物学家为了证实鸳鸯之间是否真的对爱情专一，对配偶忠诚，还做过这样的实验：专家将鸳鸯夫妻中的一只当着另一只的面捉走，观察另一只鸳鸯的反应，专家发现，另一只鸳鸯并没有像人们想象的那样以身殉情。更令人惊奇的是，剩下的一只也不会守情终身，过不了多久，就因为不甘寂寞另觅新欢去了……这证明，鸳鸯并非像我们的传说中那样忠贞不渝。

请你说出来

雌雄鸳鸯在交配之后，就会出现分道扬镳的现象，抚育小鸳鸯的重任，完全落在了(　　)的身上。

没关系我来说

雌鸳鸯。

你为何拔毛自虐?

抑郁了吗?

11月，初冬的寒风四起，早晚间有了天寒地冻的感觉。此刻，成都某公园内有两个小家伙儿却在风中光着膀子缩着脖子，有节奏地抖动着身体。这不是别的动物，而是两只鹦鹉。它们拔毛自虐，身上已经精光得不见一根羽毛，难道它们患上了心理疾病——抑郁症吗?

让我们跟随公园的工作人员，一起去四川大

学生命科学院一探究竟……

残忍的自虐

公园的工作人员告诉大家：其中一只鹦鹉，拔毛自虐的习惯已经持续两年了，每到天热的时候，除了头顶上拔不到的毛之外，其余地方全是光秃秃的，而今年又多了一个效仿它的“难兄难弟”。现在它们只要靠近在一起，就会相互啄对方身上的毛，把彼此都啄成“秃子”了。工作人员也没有更好的办法，只是在鹦鹉受伤的时候，喷些药物，起到止血止痒的作用而已。

是鹦鹉和友好的伙伴分离后感觉孤单寂寞了吗？是好奇的游客用了粗暴的手段对待和恐吓它们的缘故吗？是它们情感丰富，因受到伤害而生气郁闷了，用拔毛的方式发泄情绪吗？

四川大学生命科学院的冉江洪教授称，在环境发生改变的情况下，有些动物由于不能适应新环境，可能会发生病态的行为，这两只鹦鹉或许就属于这种情况。冉江洪教授向公园建议：专门修建大笼舍，扩大它们活动的空间，以分散其注意力，同时用药物辅助治疗，或许能减轻这种症状，缓解它们自虐的行为。

心理咨询

为何两只鹦鹉要拔毛自虐？

我来开处方

在环境发生改变的情况下，某些动物由于不能适应环境，可能会发生病态的行为。

“老大”猝死了

一场浩劫

三年前，北京房山区蒲洼乡的老养蜂户毛国金，发现自己家养的中华蜜蜂蜂王在蜂箱里相继猝死。当地发生了严重的蜂灾，不同蜂户的中华蜜蜂之间展开厮杀，死伤不计其数。为了阻止这场残酷的厮杀，村民们尝试用水泼、用火烧，但都无济于事。那简直是一场浩劫！蜜蜂个体间争斗是常见的，但如此大规模的蜜蜂战争是非常罕见的。蜂王之死和蜜蜂大战，究竟是什么原因造成的呢？挑起战争的祸手到底是谁？

罕见的猝死

中华蜜蜂研究专家杨冠煌告诉我们一个科学常识，由此揭开了谜底……

顾名思义，中华蜜蜂是中国特有的蜜蜂，分布生长在全国各地，但是近些年来，数量却逐渐减少，在我国的华北和东北地区，甚至都已看不到中华蜜蜂的行迹了。

一个自然状态下的蜜蜂群体，是由一只蜂王、少量雄蜂和众多工蜂组成的，蜜蜂的数量达到几千甚至是几万只。从表面上看，蜂王和普通工蜂是没有什么太大区别的，蜂王腹部较长，身体比工蜂长三分之一左右，蜂尾有螯针，蜂王的腹下没有蜡腺，翅只覆盖腹部的一半。足不及工蜂粗壮，后足没有花粉筐。普通的工蜂孵化成幼虫后可以吃三四天蜂王浆，而蜂王幼虫却一生吃蜂王浆，最终变成蜂王。一窝蜂只会存在一只蜂王，就是最先破蛹而出的那只，然后，蜂王就会下令杀死那些未破蛹的蜂王。赶上两只蜂王同时破蛹的时候，就会出现“王者争战”的场面了。“王者之针”就是它们所用的武器，相当厉害，两王之战，必有一死。养蜂业中可以实现一巢双王，这样能够增加蜜量。但是它们彼此不可以见面，否则就会上演“王者争战”！

调查真凶

有关专家经过长期研究表明：中华蜜蜂的减少与外来蜜蜂的到来有着密切关系。这让北京房山区蒲洼乡的人们想到了村里养殖的另一种蜂——意大利蜜蜂。

意大利蜜蜂最早是从俄罗斯引入中国的，这种蜜蜂因产蜜量高而受到养蜂人的欢迎。我国以前没有出现过这种蜜蜂，中华蜜蜂的工蜂无法辨别出意大利工蜂，意大利工蜂就可以随便进入中华蜜蜂蜂巢刺杀中华蜜蜂蜂王，当蜂王死亡后，意大利蜜蜂就大举进攻中华蜜蜂，抢夺蜂蜜和蜜源……于是中华蜜蜂就越来越少，甚至灭亡。

经过一系列观察发现，因为振动频率相似，中华蜜蜂误以为意大利蜜蜂是“自己人”。就这样，意蜂轻易地混进了中蜂蜂箱。众工蜂用蜂蜜饲喂它们眼中的蜂王。蜂王一点儿都没有觉察到它的王国里已经潜伏进了一个“特务”。吃饱喝足后，意蜂寻找机会刺杀蜂王，小小的蜂箱里瞬间危机四伏，蜂王好像也感觉到了危险的讯号。意蜂将中蜂蜂王追杀到一个僻静的角落，用尾部对准蜂王，以迅雷不及掩耳之势将带毒的螫刺蜇向蜂王……意蜂在杀死中蜂蜂王后，招集自己的同伴纷纷前来，盗走中蜂箱里的蜜，并与抵抗者展开厮杀。

至此，真相终于大白，杀死中华蜜蜂蜂王和挑起战争的真凶就是意大利蜜蜂。

“老大”是谁？

1. 蜂王是雌性蜂还是雄性蜂？

2. 到底是谁杀死了中华蜜蜂的蜂王？

真相大白

1. 蜂王，也叫蜂后，是蜜蜂家族中唯一能正常产卵的雌性蜂，在蜜蜂王国里，蜂王担负着繁殖孕育后代的重任。

2. 是意大利蜜蜂杀死了中华蜜蜂蜂王。

变 色

对面的你呀看过来

大家都去过动物园吗？你们见过那种浑身长着美丽的红色羽毛，从远处看好似一团火的鸟吗？对，这就是火烈鸟。可是你知道吗？火烈鸟的羽毛并不是生下来就是红色的，也不是永远都是红色、一成不变

的。火烈鸟刚出生的时候，羽毛是灰色或白色的，随着身体不断长大，羽毛的颜色就会慢慢地变成粉红色。这种粉红色也不是永久的，还会发生轻微的变化，有的时候会变得深一些，有的时候会变得浅一些，有的时候甚至还会变成白色呢！

能够使羽毛改变颜色的原因到底是什么呢？

破解变色术

科学家通过长年的研究，终于揭开了火烈鸟羽毛颜色变化之谜：红色并不是火烈鸟羽毛本来的颜色，而是来自其摄取的浮游生物。火烈鸟的喙非常特殊，上喙比下喙小。当大火烈鸟进行周期性换羽，而体内色素沉积程度还不够时，它新长出的羽毛就是白色的。火烈鸟的羽毛一被拔下来，就会变成白色，这是因为羽毛离体就与体内色素分离了。

火烈鸟，又名红鹳，主要分布在南美的秘鲁、智利、阿根廷，中美和非洲部分地区。火烈鸟与水有着不解之缘，是一种大型涉水鸟类。火烈鸟与鹳和鹮极其相似，颈、腿较长，三个前趾为全蹼，后趾平置或缺，脖子长，呈S型弯曲。幼鸟的绒毛和雁非常相似。火烈鸟的最特殊之处是它的喙，取食时上下喙从泥水中捞取各种藻类、小蠕虫、昆虫幼虫等作为食物。目前火烈鸟的种类不多，不过四五种，长着深粉色羽毛的，体形最大的是大火烈鸟；比大火烈鸟的颜色更艳丽些，但是体形较小的，是小火烈鸟。

成年火烈鸟的羽毛到底长成粉红色还是白色，完全取决于它们吃的食物。有的火烈鸟直接吃藻类，身上的颜色就鲜艳漂亮；有的则吃以藻类为食的小动物，身上的颜色就比较暗淡。正因如此，在喂养火烈鸟时，需要在饲料中添加类胡萝卜素或角黄素，或者直接给它们喂食含有虾青素的大虾，不然它们的羽毛就会慢慢变成白色或淡粉色。

细心观察不难发现，火烈鸟白天整理羽毛花费的时间要比其他水鸟多得多，科学家认为，火烈鸟的这种行为不只是梳理羽毛，也是在给自己"化妆"。

火烈鸟尾部的腺体会分泌一种油脂，火烈鸟在梳理羽毛时，会用喙把这种油脂从尾部腺体上刮下来，涂在颈部、胸前和背部的羽毛上。这样做不只是为了让羽毛防水，更是因为油脂中含有类胡萝卜素，涂在羽毛上能让羽毛保持颜色亮丽。假如停止涂抹，在数日内羽毛的颜

色就会慢慢变淡。

现在你知道火烈鸟变色的道理了吧！

我要变色

1.成年火烈鸟的羽毛长成粉红色还是白色取决于什么？

2.为什么火烈鸟的羽毛一被拔下来，就会莫名其妙地变成了白色？

3.火烈鸟尾部的腺体会分泌一种油脂，这种油脂有什么作用？

我能识破

1.取决于它们吃的食物。

2.火烈鸟的羽毛一被拔下来就会莫名其妙地变成白色，这是因为羽毛离体就与体内色素分离。

3.能够让羽毛防水，同时因为油脂中含有类胡萝卜素，涂在羽毛上能让羽毛保持颜色鲜亮。

你们也会拜祭？

百年朝圣

每年的8月6日至5日，希腊的西法罗尼岛上，会有成百上千的毒蛇从悬崖峭壁和山林洞穴里爬出来，直奔小岛上的两座教堂，盘结在教堂的圣像下面。一待就是十天左右，冥冥中，好像有一种神奇的力量驱使着它们。这种蛇有剧毒，一旦被它们咬到，就很难活命，但它们却能非常温顺地和岛上的居民友好相处。

据记载，这种毒蛇朝圣的

现象，已经持续了120多年。

岛上的居民认为，这种毒蛇具有驱邪治病的神力，只要触摸它一下，或者把它们缠绕在身上，就可保佑人岁岁平安。8月6日是基督易容显光日；8月15日乃是圣母升天节。毒蛇聚集和散去的日子竟然都是希腊的重要节日，这令人感到困惑不解，莫非毒蛇也会拜祭吗？更让人感到新奇的是，这些蛇的头上，都有一个记号，类似十字架。这究竟是怎么回事呢？

神秘的传说

在这个岛上，一直流传着这样一个传说：

很久以前，西法罗尼岛是一个富饶而美丽的地方，人们安居乐业，过着悠闲自在的日子。可是有一天，灾难降临了，一伙强盗登上了这个岛，烧杀抢劫，还不怀好意地将24名年轻美貌的修女关押起来。

圣母知道这件事情后，为了使手无寸铁的修女免遭欺凌，就把她们都变成了毒蛇。强盗眼看着美女变成了毒蛇，吓得四散而逃。可修女们也没有再变回人形。她们为了报答圣母的救命之恩，每到8月6日至15日，就到这里来朝圣。

这种现象如何用科学来解释呢？莫非教堂里有什么吸引蛇的气味吗？假如是有气味的话，为什么偏在这几天散发出来呢？除此之外，还有什么其他的解释吗？

有人认为是某种自然现象导致这一特殊情况，如地热现象或地下水淹没蛇洞迫使蛇爬到不热或没有水的地方，等等。迄今为止，还没有一种科学的说法能够解释这一现象。

不管怎样，这些朝圣的毒蛇使西法罗尼岛成了一个神秘之岛，每年都吸引了无数游客来这里参观。

追溯

这种毒蛇朝圣的现象，已经持续多少年了？

记录

已经持续120多年了。

你的“灯笼”干什么用？

每到夏天夜晚，如果我们来到野外的空旷草地上，就会见到许许多多的萤火虫一闪一闪，在空中飞来飞去。它们发出的点点光亮，让我们仿佛置身于一个梦幻世界。为什么它们会发光呢？莫非它们的尾部真的有个“小灯笼”不成？

瞒不过生物学家的眼睛

夏季安静的夜晚，萤火虫一闪一闪地飞行，是因为萤火虫体内一种叫作虫荧光素酶的化学物质与氧气互相作用而产生了光亮。这种被叫作虫荧光素酶的化学物质，像开关一样控制这种反应，当萤火虫体内产生虫荧光素酶时，这种反应就开始了，萤火虫便会发出一闪一闪的光亮。

萤火虫的腹部末端都有一个能发出绿色光亮的发光器官。白天它们趴在草丛中，晚上出来活动。尾部的那盏“小灯”，把夜空装扮得如同幻境一般。萤火虫不仅成虫可以发光，甚至连卵、幼虫、蛹也会发光。成虫的腹部末端有个发光器。雄虫的发光器是两节，雌虫的是一节。在发光器的透明皮肤下面有发光层和反光层。发光层呈黄白色，是一种叫作荧火素的蛋白质发光物质。当萤火虫呼吸时，这种荧火素便和吸进的氧化合成虫荧光素酶，于是，它们的尾部就会一闪一闪地发光了。

爱情之光

萤火虫中绝大多数的种类是雄虫有发光器，而雌虫无发光器或是发光器较不发达。雌雄萤火虫之间通过发光互相吸引追逐，寻找自己中意的另一半。哇！原来它们是为了求偶而发光的。

在1999年，生物学家奈特等人发现，误食萤火虫成虫的蜥蜴会死亡，证明成虫的发光不仅是为了寻找配偶，还有警告其他生物的作用。

学者安德伍德等人在1997年以老鼠做试验，证实幼虫的发光对老鼠具有警示作用。这么说，萤火虫发光还有吓唬敌人的作用呢！

猜灯谜

夏季安静的夜晚，萤火虫一闪一闪地飞行，萤火虫产生光亮的原因是什么？

一猜即中

因为萤火虫体内有一种叫作虫荧光素酶的化学物质与氧气相互作用，从而产生光亮。

水中鏖战

水中鏖战

1970年11月7日，在马来西亚森吉西普的一处大泥潭里上演了令人震惊的一幕，成千上万只青蛙，相互撕咬，声震四方。事后池水中蝌蚪、蛙卵和死蛙遗尸到处可见。

1977年9月的一天，在中国广州市，近郊公路旁的一个水坑里，也上演了一场群蛙大战。数百只青蛙叫声震天，有的在水面你追我赶，有的用前肢打架争斗，也有的十几只抱成一团互相鏖战……青蛙究竟是怎么了？

群婚惹的祸

为了揭开青蛙大战之谜，1956年美国史密逊博物院，专门组建了由6名职员、2800多名科学家组成的专家组——短暂现象研究中心。他们将在185个国家、岛屿和地区，对1000多宗类似事件展开观察、研究。

动物学家经调查研究后得出结论：青蛙之战，乃是蛙类“群婚”及繁殖后代的一种特殊现象。

专家分析，夏季，是青蛙繁殖的季节，我们常常会在雨后的清晨看到成群结队的青蛙集聚在池塘或水田里，雄蛙的外鸣囊像小布袋一样不断地扩大和缩小，这是青蛙在争鸣求偶。

在风调雨顺的年头，蛙类争鸣求偶的现象比较分散，如果遇上久旱无雨的年头，蛙类本着寻找水源的习性，就会从四面八方聚集到有水的池塘或水田里，可能就会出现成千上万只青蛙聚集在一起的奇特情景。

有时青蛙还会在“群婚”中死得不明不白，这是因为它们的叫声，招来了过多的蟾蜍，而蟾蜍皮肤会分泌一种毒素，使青蛙中毒而死。

求证

1.青蛙的“水中鏖战”到底是怎么回事？

2.为什么有时青蛙会在“群婚”死得不明不白？

真相

1.这是蛙类“群婚”及繁衍后代的一种特殊现象。

2.因为它们的叫声招来了过多的蟾蜍，而蟾蜍皮肤会分泌一种毒素，使青蛙中毒而死。

鼻子在哪？

鼻子呢？

周末，大家捉到了各种各样的昆虫，有蝗虫、蚊子、螳螂、蟋蟀、苍蝇、蜜蜂、蝴蝶等二十多种。仔细观察下昆虫的五官……咦？昆虫的“鼻子”呢？是不是因为它们的头太小，看不清？用放大镜仔细地观察一下，会发现昆虫都有两颗像宝石一样的眼睛，在眼睛上方有两根“须”，这是它们的触角。那么它们的鼻子在哪里呢？没有鼻子，它们又是靠什么呼吸的呢？

找鼻子

昆虫学家把昆虫眼睛上方的这两根触角叫做昆虫的“鼻子”。

昆虫学家做了个简单的实验：拿来一个纱罩，用一张开有小孔的硬纸或木板把纱罩在中间隔开，在隔断的一边放上一堆糖粒，在隔断另一边放上一堆木屑。然后捉来几只蟑螂，把其中几只蟑螂的触角剪去，一起放在有木屑的一边。可以看到，有触角的蟑螂穿过小孔，爬到糖堆上偷吃起来，而被剪去了触角的蟑螂，仍在木屑堆上爬来爬去，根本无法嗅出哪儿有香味。这个简单的实验非常清楚地表明，昆虫的触角确实有“鼻子”的嗅觉作用。

不同种类的昆虫，触角的形状各有差异。蝗虫、螳螂、蟋蟀头上的鞭状触角，前后粗细变化不大，看上去宛若两根鞭子；苍蝇的具芒触角，有点儿像多芒的麦穗；金龟子的鳃状触角，则是一片片连接而成的，好像鱼鳃；蚊子的环毛状触角，有许多分枝，好像两把刷子；白蚁的念珠状触角，活像僧人们手中的念珠。还有蚤的锤状触角、蛾子的羽状触角、蜜蜂的膝状触角等。

科学家们发现，昆虫的触角上长着各式各样的嗅觉窝，每个窝都由一个小腔与外界相通，窝内分布着感觉神经纤维，直接与脑神经中枢相连。因此，昆虫的两根触角总是在不停地左摇右摆，探测周边十分微弱的气味信息。当然，嗅觉窝并不是分布在昆虫的整个触角上，而是有特定的部位。

生物学家在电子显微镜下看到，蚜虫的嗅觉窝大多长在柄节上，蜜蜂的嗅觉窝主要分布于触角鞭节前端。昆虫嗅觉窝的数量也不一样，蜜蜂工

蜂的触角上大约有6000个嗅觉窝，而雄蜂竟有3万个以上。

科学家通过多次观察和研究发现，雄虫的触角比雌虫要发达，嗅觉窝自然也较多，例如雄金龟子的触角上有5万多个嗅觉窝，可雌的却还不到8000个。

昆虫的触角在外形、长度、嗅觉窝的数量上区别非常大，但嗅觉的灵敏度都极其惊人，能敏锐地感觉到各种化学物质的气味、寻找食物和辨别伙伴。例如，苍蝇只要闻到腥臭味，就会从四面八方聚拢而来；蚊子只要闻到汗酸味，便会嗡嗡飞来；蜜蜂和蝴蝶能闻出各种各样花的香味，找到它们爱吃的花蜜。蚂蚁用触角识别同伴，因为不同窝的蚂蚁彼此气味不同，所以一旦将一只蚂蚁放入另一窝蚂蚁的蚁巢内，很快会遭到猛烈攻击，直至被活活咬死。

昆虫也能依靠“鼻子”寻找配偶。雌虫活动性差，有的由于翅膀完全退化，不能飞翔。雌虫性成熟时能分泌一种被称为性诱素的化学物质，有特殊的气味，在空气的流动下，散发到周围环境中。雄虫凭“鼻子”闻出这种气味，不远千里，飞来向雌虫“求爱”。假如用剪刀剪去雄虫的触角，并涂上蜡质，此时，因为雄虫丧失了嗅觉功能，即便是雌虫近在咫尺，它们也会无动于衷。

昆虫的触角不仅仅有“鼻子”的嗅觉作用，有的还能起到“耳朵”的听觉作用呢！比如蚜虫的“耳朵”就长在触角根部的柄节上；雄蚊的“耳朵”长在触角的第二节上，蓬松的感觉毛可以接受雌虫飞行时发出的嗡嗡声。有的昆虫，比如夜蛾、虎蛾，它们羽状的触角还像是无源雷达探测器，能探测其他蛾子飞行时胸部发出的红外线。蛾子凭其“雷达”导航，可以便捷地找到食物和配偶。

因为昆虫有了这种“鼻子”，所以就具有趋化性和趋避性。蜜蜂寻香，苍蝇逐臭，就是昆虫的趋化性。趋避性就是昆虫闻到某种气味而远远躲开的行为。

人们根据昆虫的这种特性，已经制造出许多带气味的杀虫剂，如人工合成的性诱剂，就是利用昆虫的趋化性，诱集害虫、聚而歼之；如驱蚊香、樟脑丸等各种驱虫剂，就是利用昆虫的趋避性。昆虫的“鼻子”也引起仿生学家的浓厚兴趣，他们借鉴昆虫的嗅觉器官，成功地研制了灵敏、快速和小型化的嗅敏仪和气体检测仪。这些“电子鼻”仪器，在生产实践和科学实验中已经得到了广泛的应用。

近年来，科学家们对昆虫的触角进行了广泛而深入的研究，这不仅可以大大地丰富仿生学的内容，而且为防治害虫开辟了更新、更广的途径。

隐蔽的鼻子

1.昆虫的“鼻子”长在什么地方?

2.昆虫依靠什么寻找配偶?

3.昆虫的触角不仅具有“鼻子”的嗅觉作用,还能起到什么作用呢?

牵着鼻子走

1.昆虫眼睛上方那两根触角,就是昆虫的“鼻子”。

2.昆虫依靠“鼻子”寻找配偶。

3.昆虫的触角不仅具有“鼻子”的嗅觉作用,有的还能起到“耳朵”的听觉作用呢!

助人为乐的典范

助人为乐

在非洲撒哈拉沙漠以南的广阔地区，生长着一种其貌不扬、全身灰蒙蒙的鸟，它们有一种极其独特的本领——能为人和动物指示蜜源，因此有“导蜜鸟”之称。这种导蜜行为在动物界中十分独特，鸟类学家也由此对它们的助人为乐行为产生了浓厚的兴趣。

请跟我来

谁需要找到蜜源？请跟我来。导蜜鸟，无论美女还是帅哥，甚至是宝宝们都具有导蜜本领，这种本领是通过遗传世世代代延续下来的。当然，这种导蜜行为也是有利可图的，它们在引导人或动物寻觅蜂巢获取蜂蜜的过程中，也可以获得自己想要的美食——蜜蜂幼虫。

导蜜鸟的体形较小，体长不足20厘米，大小与北美蓝知更鸟差不多，背羽颜色呈灰褐色，羽毛又短又浓，皮肤厚硬。这样，它们就能够更有效地阻挡蜜蜂的针刺攻击。成年后，导蜜鸟浑身都长出黄色肩饰，帅哥的喉部还会长出一大块黑斑，凭着这个标记，就可以分辨其性别了。

寻亲

实际上，除了被称作“普通导蜜鸟”的一个特殊种类外，绝大多数导蜜鸟并不能为人类导蜜。

不过，也有资料显示，生活在非洲东部和南部，被称为“鳞喉导蜜鸟”的种类也能为人类导蜜。约翰·科克教授在1864年曾对这种小鸟做过详细描述：

在黄喉石雀的巢穴里发现了一只刚长出羽毛的小鸟，在此之前，人们曾看到一只鳞喉导蜜鸟落在这棵树上，由此可以推断，这只小鸟也是这个种类。这只小鸟的上下喙顶端呈弯钩状，活像啄木鸟幼雏上喙顶端长出的钙头。

长全了羽毛的普通导蜜鸟幼雏，上下喙仍保留着两个弯钩。慢慢的，下喙顶端的那个弯钩脱落。接着，上喙顶端的那个弯钩也脱落。导蜜鸟爪趾上粗糙的后跟垫与热带巨嘴鸟和巨嘴鸟幼雏的爪垫很相似，这说明它们之间存在着近亲关系。

科学家在刚果检查了导蜜鸟的胃容物，发现大多数导蜜鸟并不经常吞噬蜂蜡，这种东西只有普通导蜜鸟胃里才有。

导蜜鸟有时也吃白蚁和成年蜜蜂，但它们好像更喜欢吃蜜蜂幼虫和蜂房。导蜜鸟的胃容物闻起来有蜂蜜的味道，科学家据此推测，蜂蜡只是被顺带吞进去的。

请跟我来

1.是只有雄性的导蜜鸟才能导蜜吗?

2.导蜜鸟主要生活在什么地区?

3.什么性别的成年导蜜鸟在喉部会长出一大块黑斑?

特别简单

1.导蜜鸟,无论是雌鸟、雄鸟,还是幼鸟都拥有导蜜本领。

2.导蜜鸟主要生活在撒哈拉以南的非洲地区。

3.雄导蜜鸟。

第三章　奇妙一箩筐

神秘的墓地

末日来临时

在非洲，自古就有这样一个传说：大象在即将死亡时，一定要跑到自己的墓地去迎接末日的来临。人们很容易想到，假如能发现大象的坟地，一定可以轻易地获取很多象牙。

很久以前，苏联探险家布

加莱夫斯基兄弟来到非洲的肯尼亚。一天，他们在高山上瞭望，发现对面山上有不计其数的白色动物尸骨。一头大象摇摇晃晃地跑到尸骨旁，无力地叫了一声便瘫倒在地。他们立刻向对面山上的“大象墓地”奔去，但由于途中遭遇猛兽的袭击和深不可测的沼泽地，他们只好半途而返。

是不是因为大象行踪诡秘，人们才会有“大象墓地”的猜想？是不是偷猎者为逃避法律的惩罚，才编造出“大象墓地”的说法呢？假如说没有，那么，大象临死之前为什么总要离群匿迹呢？为什么人们很难见到大象的尸体呢？

神秘的殡葬

1978年12月，在调查非洲象的分布时，一位动物学家无意中遇到一场罕见的“大象葬礼”：在距离密林不到70米的一片草原上，一头雌象被几十头大象围着，那是一头患了重病的老年雌象，站都站不住了。接着，老象蹲了下来，低着头，不停地喘着粗气，时不时地扇动一下耳朵，发出一种低沉的呻吟。

围在四周的象用鼻子把附近的草叶卷成一束，投在雌象的嘴边。可这只雌象已经吃不下任何东西了，只是艰难地支撑着身体。最后，雌象终于支持不住，倒在地上死掉了。

这时，周围的象群发出一阵哀号，为首的雄象用自己的象牙掘松地上的泥土，并用鼻子把土块卷起投到死象身上。其他的大象也纷纷效仿，把石块、枯草、树枝等用鼻子卷成团，投到死象身上。一会儿功夫，死象就完全被掩埋住了，地面上堆起一个土堆。

为首的雄象用鼻子在土堆上加土，同时用脚踩踏土堆。其他的象也依照着这样去做，把那土堆踩成了一座坚固的“坟墓”。最后，只听雄象发出一声洪亮的叫声，象群听到“命令”后马上停止踩踏，开始围绕着土堆慢慢地走动。就这样一直走到太阳落山，象群才耷拉着头，甩着鼻子，扇着耳朵，依依不舍地离开土堆，朝密林深处走去。

公墓区

动物学家从生物进化的角度，对大象这种神秘的殡葬行为进行了解释。群居的大象会对死去的同伴表现出某种怜悯，它们或者掩埋伙伴，或者为其收尸。有时候，大象可能会用长长的鼻子，把象骨和象牙卷起来放到某一个特定的地方去，那就是它们的“公墓区”。但有的时

候，可能因为象牙是大象生命的某种象征物，所以大象会将死去同伴的象牙拿走。

有些学者则认为，自从象牙被列入贵重商品的行列后，大象在非洲的地位就显得日趋重要，那些流传着的有关动物生活习性的神秘说法，也日益变味走样。尤其是当法律禁止猎杀大象的行为后，一些偷猎者为了达到不可告人的目的，存心渲染所谓“大象墓地”的传说，打着探险、科学考察的幌子，肆意捕杀大象、获取象牙，事后却声称象牙是在“大象墓地”中找到的。

秘闻

如何解释大象的这种神秘的“殡葬”行为？

释疑

大象这种神秘的“殡葬”行为说明，群居的大象会对死去的同伴表现出某种怜悯。

不可思议的蚂蚁

蚁族中的“奴隶主”

科学家们发现，生活在南美洲的蓄奴蚁竟然是靠掠夺、蓄养奴隶为生的，它们就像是我们人类社会的奴隶主那样实行王国统治的。

蓄奴蚁是一种非常强悍的蚂蚁，它们没有兵蚁、工蚁之分，几乎所有的工蚁都变成了兵蚁。这些蓄奴蚁大都懒惰成性，从不进行造巢、抚幼、觅食、清洁工作。看到这里，读者不禁要问，它们是如何生存的呢？

原来，蓄奴蚁都勇猛好战。它们通过发动战争，闯入其他蚂蚁的巢穴，将其他蚂蚁的幼虫和蛹掠夺过来抚养长大，使它们最终成为蓄奴蚁蓄养的“奴隶”。像蓄奴蚁懒得去做的如造巢、抚育幼虫、觅食、打扫卫生等种种繁重的工作都会让它们去做。由于“奴隶”蚁寿命很短，为了补充“劳动力”，蓄奴蚁就会不断发动战争。

食肉游蚁

在南美洲的热带丛林里，生活着很多种类的蚂蚁，其中最厉害、最凶猛的当属食肉游蚁了。当食肉游蚁来“拜访”人类住宅时，人们就得提防了。尽管它们会让人心惊肉跳，但房屋一经它们“光顾”以后，屋里的蟑螂、蝎子等害虫就会一扫而光，其效果是杀虫剂也比不了的。

在草丛里，食肉游蚁若碰上了别的动物，它们就会成群地聚集起来，群起而攻之。一次，食肉游蚁遇上了一条睡在草丛里的毒蛇，它们立即把毒蛇团团围住，并逐渐缩小包围圈。然后，一些食肉游蚁冲上去狠狠地咬住毒蛇。蛇受痛惊醒后，凶狠地向四周冲撞，可是食肉游蚁并不放松，迫使它不断退缩回来。食肉游蚁们同毒蛇扭成一团，边咬边吞食着蛇肉。这样，只需几小时，地下就只剩一条细长的蛇骨架了。

蚂蚁“牧人”

人们还发现了一个有趣的现象，蚂蚁经常会跟在蚜虫后面。经过研究后才知道，蚜虫在蚂蚁触角的按摩下，会分泌出“乳汁”。担任“运输工”的蚂蚁就会从伙伴手中接过乳汁，运回巢中。

为了保证蚜虫的生活，蚂蚁会不惜花费大力气来修建“牧场”。在聚集大量蚜虫的枝条的两端，蚂蚁用黏土垒成土坝，形成一个牧场，土坝上开的两道缺口就是牧场的“入口”和“出口”。为避免有“小偷”混入，两边“拱门”都会有蚂蚁重兵把守。当“牧场”的蚜虫繁殖过多时，蚂蚁就会把多余的蚜虫转移到新的地方。为了保护和抢夺蚜虫，蚁群之间经常会爆发战争。

蚂蚁甚至会把蚜虫的越冬卵也保存在蚁穴里，像照顾自己的孩子一样照顾着蚜虫卵。春天，蚂蚁会把从卵中孵化出的小蚜虫小心翼翼地护送到幼嫩的树梢上。

会种蘑菇的蚂蚁

让科学家感到惊讶的是，有的蚂蚁还会种蘑菇，这就是生活在南美的切叶蚁。切叶蚁整天在枝叶繁茂的大树上爬来爬去，如果相中了哪一棵果树，它们就会用大颚切光满树的叶子，只剩下光秃秃的树干。

所以，果农们对这些破坏树木的家伙讨厌极了。不过，切叶蚁并不喜欢吃树叶，而是把切碎的叶子搬回蚁巢，再用大颚将碎叶反复嚼成碎屑，堆入一间间的“蘑菇房”，还在其上排泄粪便以栽培蘑菇。不久，碎叶堆里就会长出一种小型蘑菇。等蘑菇长大后，切叶蚁就可将它们作为食物尽情享用了。

考考你

切叶蚁以什么为食？

我知道

切叶蚁以它们自己种的蘑菇为食。

海洋里的营救行动

海狮救生员

人们一向认为，哺乳动物海狮是出了名的杂耍明星。它们能熟练地顶球，做出很多令人眼花缭乱的动作。训练海狮时主要利用条件反射，海狮的动作做得正确，就能吃到可口的食物，久而久之，海狮练就了一身过硬的本领。

利用条件反射能不能培养出海狮救生员，让这些救生员在海滩抢救落水者呢？美国加利福尼亚某海洋哺乳动物训练所在这方面作了有益的尝试。从1984年11月起，完成训练的两头海狮便在海滨城市协助救生员抢救溺水的游泳者。

两位海狮“救生员”都是雌性加利福尼亚海狮，它们都有100千克，身长1.50米。它们的身体素质极佳，在水里拖一个大个子毫不费力。两位海狮“救生员”所接受的训练别开生面，它们先躺在沙滩上，身后绑上救生圈。然后让人假装溺水呼唤海狮。海狮游到“落水者”附近，就绕着“落水者”转圈，直到“落水者”爬上救生圈，这才拽着他游回岸边。

一些海洋生物学家十分赞成这种做法，他们认为将海狮训练成救生员是很有道理的。海狮的大脑十分发达，训练起来并不比狗困难，海狮的长胡子不仅触觉敏锐，而且还能感觉到遇难者传来的振动，因而很快就能发现目标。

海豚“特种兵”

在白浪滔天的大海中，活跃着一支海豚“特种部队”。

海豚能帮助人类打捞沉积物。寻找和打捞沉在海底的鱼雷、导弹、炸弹等爆炸物，是一项难度大且具有危险性的工作，但经过训练的海豚却可以出色地完成任务。如巨头海豚能潜入600米深处进行搜索和打捞作业。人们设计了一种特别的打捞装备系在海豚头上。当海豚发现目标时，它会用抓具去撞击目标物，使抓具夹紧物体并从海豚头上脱下，人们便可以用尼龙绳将被打捞的物体拖出水面。此外，海豚还可以带上气体发生器，用抓具夹住被打捞的东西。气体发生器立即充气，被打捞物就可以浮出水面。

警卫是海豚“特种部队”的另一项任务。在海战中，交战双方常利用“蛙人”破坏敌方的水下设施。在海豚的头部缚上锋利的夹刀或注满麻醉剂的注射器。一旦发现“蛙人”来袭，受过训练的海豚便高速向其攻击，将尖刀或注射器刺入“蛙人”体内，成功地保卫水下设施。在战争中，人们常在水下布雷以防对方舰船和潜水艇侵犯自己的海域，而扫除水雷是件十分艰巨的任务。于是，海豚“扫雷兵”应运而生。科学家首先训练海豚识别水雷，然后再教它们如何把发现水雷的情况并告诉岸上的人们。

海洋生物学家认为，培养海豚“特种部队”有着充分的科学根据。首先，海豚具有精密的声呐系统，能够准确无误地识别目标。其次，海豚的大脑特别发达，其学习和模仿能力远远超过猴子和猩猩。

专家小课堂

1.海狮通常喜欢潜游，它们牵着救生圈在水下潜行，对水面上挣扎的人丝毫不会产生不利的心理影响。

2.海豚的大脑在睡觉时，两个大脑半球可以交替休息，因此海豚整天可以在风浪中搏击。如此看来，海豚能当上“特种兵”并非偶然。

认　亲

你知道动物之间如何分辨亲缘关系吗？

气味寻亲法

科学家通过实验证明，有些动物是通过气味来分辨亲缘关系的。

蜜蜂是靠气味辨认自己亲属的。蜂群里有专门的所谓“看门蜂”，由它控制进入蜂巢的蜜蜂。在此地出生的蜜蜂可以畅行无阻，但其他地方出生的蜜蜂被禁止入巢。“看门蜂”的任务是审查进巢的蜜蜂，它以自己的气味为标准，气味相同的准入，相反则被拒之门外。

蚂蚁也是靠气味辨认本族成员的。蚁后给每只工蚁留下气味，有了这蚁后亲自签发的“身份证”，才能自由出入蚁穴，不然就要被咬死。

癞蛤蟆卵孵化出的蝌蚪，似乎能通过气味辨别素昧平生的“兄弟姐妹”，它们情愿与“亲兄弟姐妹”集群游泳，而不愿与无血缘关系的伙伴为伍。科学家把一只蛤蟆所产卵孵出的蝌蚪染成蓝色，另一只蛤蟆产的蝌蚪染成红色，一起放入实验室的水池中。开始它们浸泡在一起，不大一会儿，它们又自动分开，红色蝌蚪聚集在一处，蓝色蝌蚪聚集在另一处，泾渭分明，毫不含糊。作为对照，科学家又做了一次实验，将蛤蟆同一次产下的卵孵出的蝌蚪一半染成红色，另一半染成蓝色，把它们放在一个水池中。这次它们并没有按颜色分成两群，而是紧紧地聚集成一团。

鱼类身上有识别外激素——“照料外激素”。当了父母亲之后的鱼，体表经常会释放出一种被叫做“照料外激素”的化学物质，幼鱼嗅到后，便自动保持在一定的水域里生活，以利于亲鱼的照顾和保护。比如非洲鲫鱼，它的受精卵是在雌鱼口中孵化的，幼鱼从出生到自己独立生活之前，总是活动在雌鱼周围，一旦遭遇敌害，雌鱼就把它们吸到口腔里。如若没有“照料外激素”，它们是绝不会有这种母子之情的。

请出示“身份证”

1.蚂蚁是靠什么来辨认本族成员的？

2.鱼宝宝是如何找到父母的？

亮剑

1.蚂蚁是靠气味辨认本族成员的。

2.鱼类身上有识别外激素——“照料外激素”，幼鱼嗅到后就会找到自己的父母。

体语和哑语

我们人类的语言，不完全是有声的。我们知道聋哑人之间的交流，完全靠哑语——规范化了的手势和表情。那么，在动物界中，是不是也有“哑语”呢？

动物的语言

蜜蜂之间是通过舞蹈来“交谈”的。它们用的不仅仅有“哑语”，还有“体语”，除了用舞蹈的姿势以外，还要用翅膀的振动声来表达。振翅声的长短，表示蜜源距离蜂巢的远近，振翅声的强弱则表示花蜜质量的优劣，这样，蜜蜂就能通过“舞蹈语言”和“振翅语言”把蜜源的方向、距离、蜜量多少等信息报告给伙伴。

人们很想通过“语言”来与动物交流，其中最普遍的或许是人与狗之间的交流。人们常说，狗对主人忠诚，因为狗对主人的声音非常熟悉，只要稍加训练，它就能根据主人的口令趴下、跃起、坐下、站立、前进等。

人们曾设想训练黑猩猩“说话”。黑猩猩的智力在动物界中居上等，而且它们和人类最为相似，例如，没有尾巴，同样有32颗牙齿，有一对乳头，母猩猩每月来一次月经，也是9个月的怀孕期。猩猩和人类的血液成分也极为相似，也有不同血型。猩猩的面部也可以表现出喜、怒、哀、乐等各种表情。只可惜，它们的发音器官极不发达，最多只能通过手势来表达意思。

在美国，有一对名叫加德纳的夫妇，采用美国聋哑人通用的哑语，去教授一只名叫“娃秀”的雌性猩猩。这只小猩猩出生后18个月就在热带森林中被人捕获，后由加德纳夫妇抚养。他们十分细心地训练娃秀，和它生活在一起，为它创造相当好的学习环境。为了不使声音干扰娃秀的学习，当小猩猩在场时，他们自己交谈都用手势。经过两年的训练，娃秀能够理解和领会60种手势，其中有34种可以在日常生活中灵活运用，像“吃”“去”“再多些”“上”“请”“气味”“听”等，它还可以把一些手势连起来使用。

不许出声

蜜蜂之间是通过什么来“交谈”的？

体语表达

蜜蜂之间是通过舞蹈来“交谈”的。

神秘的冬虫夏草

“冬天是虫，夏天是草，冬虫夏草是个宝。”一起来了解一下神秘的冬虫夏草吧！

美丽的传说

关于冬虫夏草，有着一个美丽的传说。

从前一个国王的两个儿子，为了争夺王位，老大设下毒计，想趁聪明机灵的弟弟到山上去游玩的时候，把他杀死在山上。

上天知道这一个情况后，为了保护弟弟，就将他变成了一只虫子。老大看不见他的弟弟，只见虫子满地，于是他施展魔法变成了一只山鹰，想把这些虫子吃掉，可是虫子很灵敏地钻到了地里，并且长出一条尾巴，淹没在草的海洋里。老大想尽了一切办法，却还是找不到弟弟究竟在什么地方。

老大无可奈何，又气又急，最后郁闷而死。聪明的弟弟看破了红尘，不想再去继承王位当国王，宁愿用自己的身躯为人们健康做出服务。这件事感动了山神，山神就在他已经变成虫子的身体里注入了长生不老的药。

从此谁能勇敢而不怕艰辛地到冰峰雪岭去采挖虫草，吃后就能够延年益寿。

冬虫夏草的真正由来

有关冬虫夏草的真正由来是这样的：在中国的青藏高原生长着一种叫蝙蝠蛾的昆虫，如同许多蛾类生物一样，蝙蝠蛾在长出翅膀之前，也经过蛹状幼虫阶段。蝙蝠蛾的幼虫非常喜欢低温环境，它们生活在地表之下，以植物的根茎为食。当大雪飘飞的冬季来临时，它们纷纷潜伏于冻土层中。等到春暖花开的季节，气温渐渐上升，蝙蝠蛾幼虫就会来到土壤表层开始它们漫长的的4年虫生。

这是蝙蝠蛾本来应该拥有的正常虫生，偏偏在蝙蝠蛾最喜爱的生长环境里还有另一种同样极喜低温和高海拔的生物；这种生物是一种叫虫草菌的真菌。虫草菌和蝙蝠蛾一样也喜欢低温和高海拔，不同的是虫草菌生活在地表上。

既然虫草菌和蝙蝠蛾分别生活在地面和地下，应该是互不干涉的，但是当虫草菌孢子随着雨水渗入地下，假如机缘巧合，孢子恰好和蝙蝠蛾幼虫遭遇，便会黏附在蝙蝠蛾幼虫身上，一旦有合适的条件，孢子就会萌发出牙管，这些尖状的牙管通过蝙蝠蛾幼虫的口腔、气孔等一切可能的通道侵入其体内，并在它的体内形成真菌丝。真菌丝充分利用蝙蝠蛾昆虫体内的有机物作为营养，在其体内快速蔓延。

一种异物无端侵入体内并且不断蔓延，小小的蝙蝠蛾幼虫为此而烦躁、痛苦，它在人类看不到的地下苦苦挣扎。最终一切挣扎都是白费，它死了。然后风雪弥漫的冬季来了，地表之上陷入漫无边际的沉默。但风雪之下的另一个生命却在顽强孕育，它不会因外界的严寒而停止既定的进程。

第二年春天，春暖花开时，原来潜伏在蝙蝠蛾幼虫体内的真菌丝一点点冒出地面，它渐渐长成了一株紫红色的小草，顶端有一个菠萝状的囊壳。

至此，原本极其普通的蝙蝠蛾幼虫在付出了生命的代价之后，和同样普通至极的虫草菌珠联璧合，生成了一种奇特的药材，这种奇异的植物，便是赫赫有名的冬虫夏草。

别问我是谁

蝙蝠蛾的幼虫极其喜欢低温环境，它们生活在地表之下，以什么为食？

敢于面对你

蝙蝠蛾的幼虫在地表之下，以植物的根茎为食。

复活

有些动物能够死而复生,你信吗?

死而复生

科学家做了这样一个实验:把蚯蚓放在一个放有吸水剂的玻璃罩里,在吸水剂的作用下,蚯蚓的皮肤皱得非常厉害,水分严重流失,它的体重减轻四分之三,体积缩小二分之一,就跟死了一样。但是,当再把这条干瘪的蚯蚓放到潮湿的滤纸上时,它慢慢地膨胀起来,竟然死而复活了。

美国科学家还做过这样一个实验,从水中取出一条金鱼,将它的表面稍微干燥之后,把它放在液态空气中,液态空气的温度低达零下200摄氏度。经过10至15秒钟后,再把冻僵的金鱼放回温水中,它又活过来了。

另一些科学家认为，冰冻动物的复活与干燥动物的复活一样，事实上，动物们并没有死，并不能说是死而复活。假如说实验中的动物“死亡”时间太短而显得不可信的话，那么下面的事实就让人困惑不解了。

在19世纪，有个法国工人劈石头时，在一块石头里发现了4只蛤

蟆，这块石头是100多万年前形成的石灰岩，而这些蛤蟆竟然还能活动！

同样的例子，还出现在北美洲墨西哥的一个石油矿中，人们挖出一只沉睡了200万年的青蛙，它复活后，还存活了两天。至今，这些谜仍未被解开，但对于复活现象的研究使人们联想到：可以利用干燥或冷冻的方法使动物或人在一段时间内停止生命活动，然后再使之复活，以延长动物或人的生命。

现在，这一设想已经成为现实。科学家已经利用这一原理给人治病并获得成功。他们曾经把患有肿瘤的病人的身体进行冷却，5天5夜后再把病人放在暖和的地方，病人竟然清醒过来了。这项实验的成功，使人们对延长生命充满了信心。

我能复活

干瘪的蚯蚓真的能死而复生吗？

算了吧

蚯蚓的皮肤皱得很厉害，水分严重流失，它的体重减轻四分之三，体积缩小二分之一，就跟死了一样，但是并没有真的死去，所以不能说是死而复生。

蛇也能飞

蛇也有飞行的本领，信不信由你！

天堂树蛇

天堂树蛇生活在南亚和东南亚的湿地丛林中，以青蛙、蜥蜴、鸟类

等小动物为食。它们有很短的毒牙，毒性也不强，所以对人类没有什么威胁。和其他蛇类相比，它们有一项特殊的本领——飞行！

飞行特技

天堂树蛇在飞行方面结合了鸟儿、昆虫、蝙蝠、松鼠甚至蚂蚁的特点。天堂树蛇“飞翔”时，整个身体都要摆动或扭曲，其头部与尾巴之间都要发生变化。蛇是由身躯和尾巴组成的，它们的肋骨直至蛇尾。天堂树蛇摆动自己的肋骨，使它们在形式上能够像飞碟一样飞行。

飞行原理

在天堂树蛇开始下落时，它们的头部不停地左右摇摆，这使它们的身体在空中时弯曲成S形。天堂树蛇还能让自己的身体与地面保持平行。由于没有翅膀，天堂树蛇通过在空中的某种滑行控制它们的飞行模式。天堂树蛇通过把身体弯曲成S形，来保持身体在空中飞行的稳定性。这就如同人类在走钢丝时左右摇摆，以保持身体平衡一样。

我会飞

在南亚和东南亚的湿地丛林中，生活着一种会飞的蛇,它们叫什么名字?

大揭秘

天堂树蛇

自己给自己治病

相传，我国古代名医华佗曾见过一只水獭因为生吞了一条大鱼后腹胀难忍，一只老水獭“见义勇为”，采了一种紫色野草，让它吃下。没过多久，挣扎在死亡线上的病水獭竟然痊愈了。华佗见此情景，认为这紫色野草定是一味好药，于是就大量采集回去并进行研究。后来，华佗用这种紫色野草来治疗鱼蟹中毒的病人，疗效奇佳。因此华佗给这种紫色野草取名为“紫舒”，一味重要的中药紫苏就此流传了下来。

动物的这种“自诊自疗”，既是适应环境、求生存的一种本能，也是它们在进化过程中慢慢积累的智慧。

自我诊疗

在俄罗斯境内某一林区里，总能看见一些狗獾，有气元力地躺在蚁巢里任凭蚁群撕咬。原来，这些狗獾巧妙地利用了蚂蚁撕咬时分泌的蚁酸来医治其风湿病或寄生虫病。由此看来，很多风餐露宿的猎人喜欢吃蚂蚁粉和蚂蚁制品是有一定科学道理的。

蚂蚁在寻找食物时，常常会带回一些植物叶子或种子，并把它们储藏在蚁穴的潮湿处，是何原因呢？原来这些种子或叶片上都带有微生物真菌的孢子。孢子能在阴湿的环境中大量繁殖并分泌抗菌物质，从而保证了蚁群的健康及贮存的食物的新鲜。从蚂蚁“招赘”的真菌体内，苏联科学家成功地提取出了一种新型的抗菌素。

生活在热带丛林中的猿猴，假如感到自己有点儿不舒服，或是浑身打冷颤，就会去嚼金鸡纳树的树皮，身体很快就会痊愈。

春天，刚从冬眠中醒来的北美洲大黑熊，身体总感觉有些不舒爽，精神萎靡不振。此时，它便去寻找一些具有轻微致泄功能的果实吃，很快就会恢复体能。

猩猩的牙龈发炎疼痛不止时，会用爪挖些烂泥涂在脸颊上，然后再用两爪紧紧按住。

有一种叫做吐绶鸡的野鸡，当小雏鸡被雨淋湿而感冒时，母鸡就强迫小鸡吃安息香的树叶，吃完这种带苦味的树叶之后，雏鸡的病情就逐渐好转了。

据动物学家观察，一条蝮蛇的头部被另一条蛇咬伤后，头部很快就肿了起来，肿得连嘴都合不拢。这时，它就拼命喝水，在14分钟内，一连喝了216口水。两个小时过后，头部的肿胀竟然慢慢地消失了。

野兔得了肠炎后，就会去寻找马莲吃。假如受伤了，它还会用蜘蛛网上的黏丝止血。野猫得了肠胃病，就大嚼鲜嫩青草。受伤的海豹会去寻找一种有愈合功能的海藻服用。家狗、家猫感到身体不舒服时，也会跑到野外找一种青草吃。鹿中了猎人的毒箭，会迅速寻找豆类植物的茎叶服用，用来解毒自救。这些都是自救的有效措施。

大象受伤后，会去寻找一些含碱的沙子，给自己的伤口消毒。假如它生了病，会吃一些具有疗效的野草和水草。野牛生了疥癣，便到泥潭里打个滚，然后晾干，反复数次之后就会治愈。獾发现自己的"子女"患

了皮肤病，就把小獾带领到温泉里浸泡，用来消炎解毒，直至治愈为止。受到外伤的熊，也会用松脂涂抹伤口。

女生物学家霍利·布达林研究发现，一些怀孕的母象会寻找一些有特殊作用的植物当药吃。她曾花费近一年的时间对肯尼亚的一头母象的日常生活进行跟踪观察，结果发现，这头母象从不改变其生活习惯，每天走5千米寻找同一植物吃。可是有一天，它竟走了28千米，在一株紫草科小树边停下，吃光了所有的枝叶。返回驻地的第二天，这头母象顺利地产下了一头可爱的小象。

我来问，你来答

1.你知道紫苏草有什么作用吗？

2.野牛得了疥癣，怎么做就会很快痊愈？

3.蝮蛇的头部被另一条蛇咬伤后，头部很快就肿了起来，肿得连嘴都合不拢。它采取什么措施给自己治疗？

对答如流

1.紫苏草可用来治疗鱼蟹中毒病人。

2.野牛得了疥癣，便到泥潭里打个滚，然后晒干，反复数次之后，很快就会痊愈。

3.蝮蛇的头部被另一条蛇咬伤后，头部很快就肿了起来，肿得连嘴都合不拢，它采取拼命喝水的方式自我治疗。

人类最好的朋友

义犬救人

在肯尼亚，一只母狗发现了一个被抛弃在森林中的新生女婴，它叼着女婴离开森林，走过一条繁忙的马路，穿过一面铁丝网，来到它位于首都内罗毕贫民区的窝中。然后，母狗把女婴和自己的小狗放在一起照看。后来，当地两个小孩在听见这个女婴的哭声后在狗窝中找到了她。人们向附近的警察局举报了此事，并把女婴送进了当地一家医院。

人类的朋友

狗对主人的忠诚是无条件的。即便主人身陷逆境，甚至一无所有，狗也不会离弃它的主人。其实，狗对主人的爱与忠诚是一种本能。爱的背后是群体意识。

研究人员发现，几乎所有的动物都具有群体意识，作为狗祖先的狼在这一点上尤为突出。一只离群的狼是会很快死去的。狗和人生活在一起，它就顺理成章地把这个家里的每一个成员当做群体里的一分子，群体的存活是离不开每一个成员的团结友爱和互相支持的。所以当危险发生时——至少当狗认为是危险时——它就会很自然地保护家里的每一个成员。当然，有时候它向我们寻求保护也是相当正常的。

在每一个动物群体里都只能有一个首领，这个首领应该符合高大、严厉的条件，这样才会得到群体里所有成员的尊重和服从。狗总会在家里找到这样一个角色，多数时候会是家里的男主人，所以它对男主人总会毕恭毕敬，而对于平时喂养它的女主人或者小朋友有时候却会不冷不热。当狗认为你不是它所在群体中的一员，那它可就厉害了，实际上这也是群体中主动驱赶外来者的习惯，并不是"狗眼看人低"。

与人交往是狗的天性，特别是与孩童交往，而这天生的习性往往取决于狗在3到7周龄时与人接触的情况。假如幼犬出生后的头两个月仅和它的父母或其他同类在一起，或没有真正了解人，很容易产生不喜欢和人交往并且不好训练的情况。假如狗从小就得到人的爱抚，它就会熟悉人的气味，养成喜欢与人交往的性格。

狗把它们的一切给予了我们人类，把我们看作它们生活的中心。我们是它们爱、忠诚和信任的对象。不用怀疑，人类最聪明的决定就是选择了狗作为好朋友。

提问

狗喜爱独居吗？

回答

不喜爱。狗生性喜欢群居。

我有情感我很酷

同学们，你们知道动物是如何表达情感的吗？

我很酷

大猩猩、黑猩猩等动物有着与人类相似的面部表情。狗、狼及其同类以噘起上唇、龇牙咧嘴表示愤怒；害怕或驯服时，会紧闭嘴巴、耷拉耳朵。还有少数哺乳动物，尤其是群居动物，也会用面部表情表达情感。但是相对来说，鸟类、爬行类、鱼类、两栖类和无脊椎动物的面部肌肉不大会动，面部表情很少，甚至面无表情。

我有情感

小狗用摇头摆尾表示快乐，如果表示极其快乐，会躺下来，四脚朝天，露出肚皮；鸟类做出某种姿态，表示惊恐或准备进击，如灰雁抬起头来表示准备出击；猫在蓄势待发时，会蹬腿弓背，背毛和尾毛全都竖起来；鱼有时改变鳍的位置，用来表达情感。

表达爱意

求偶期的雄性动物会发送信号，雌性动物会以动作表示接受。如雄性招潮蟹求偶时会挥舞大螯；雄蜘蛛会在雌蜘蛛面前大展舞姿；繁殖季节的鱼身上的色彩会变得更耀眼；蜥蜴会抬起身子上下跳动；雄孔雀则喜欢展示自己色彩斑斓的羽毛。

我们唱歌

鸟类从喉咙发出声音，但鸟的鸣管位于气管底部，而人类的喉咙却靠近气管的顶部。有的鸟鸣管很长，比如美洲鹤和天鹅；有的鸟没有鸣管，比如欧洲白鹳，因而不能发出声音。鸟类一般是在早晨或黄昏啭

鸣。听惯鸟声的人，仅凭鸟声就能辨认出鸟的种类，比肉眼观察更准确。

几乎所有雄鸟的啭鸣都比雌鸟的动听。有些雀鸟一天内重复鸣唱若干遍，不断在地盘范围内的枝头间跳来跳去。鸟类啭鸣的高潮是在繁殖季节之前，多数品种过了繁殖季节就不再啭鸣。

正如歌唱不是人类的日常语言一样，啭鸣也不是鸟类的日常交流方式。鸟类主要用叫声互通信息，呼唤幼鸟、求食、汇集同类等。其实，很多动物都会唱歌；食蝗鼠用后肢站立，头向后仰，双目半闭，扯着嗓子尖叫；海上金丝雀——白鲸的歌声优美动听；而座头鲸的鸣声则像感人的哀歌。

传递情感

蚂蚁等群居昆虫会分泌多种信息素，这是动物用来传递信息的化学物质。具有警报作用的信息素，一般在一分钟内消失；用来呼唤同类的信息素，有效时间较长。信息素常用来吸引异性。雄蛾分泌的信息素会随风散播，传送到数百米之外。

萤火虫是软翅的甲虫，尾部闪闪发光，从夏季到初秋期间最多见，通常在黄昏开始发光，直到午夜为止。萤火虫发光是一种求偶信息，雄性发出的光比雌性的亮一倍；不同种类的萤火虫的闪光频率也不同，因此很多萤火虫只对同种的闪光做出回应。

我来表演

1.小狗用摇头摆尾来表示快乐，如果表示极其快乐，它们会怎么做？

2.鸟类主要靠什么互通信息？

你来猜

1.小狗用摇头摆尾来表示快乐，如果表示极其快乐，会躺下来，四脚朝天，露出肚皮。

2.鸟类主要靠叫声互通信息。

伪装术

人类在打仗的时候，士兵通过伪装掩护自己，以不被敌人发现。动物伪装自己则是为了躲避天敌、蒙骗猎物。动物的幼雏最容易成为天敌的口中餐，但是好多种动物的幼雏伪装得极好，天敌根本发现不了它们。动物是怎样伪装的呢？

诈敌术

动物常以身体的颜色、形状和姿态做伪装，使其与周边环境浑然一体。

鲭鱼、条纹石鮨等鱼类的背部都是深色的，腹部颜色较浅。鹗、鹈鹕等专吃鱼的鸟类从天空中往下看，就只见鱼和水浑然一体，很难分辨。而从水下往上看，白色的鱼腹与阳光照射的水面相映，似乎消失了。

自然环境里，虎大部分时间生活在干枯的高草叶或芦苇丛中，黄褐色皮毛加上深色条纹，和周围植物浑然一体，有助于它们猎食。

麻雀身形矮胖，羽毛呈棕色，上有斑纹。麻雀一旦发觉有危险，立即木然不动，拉长伸直身子，尖喙朝天。风吹过时它会和身旁的芦苇一起摇动。

斑马在开阔的平原上生活，身上斑纹似乎不仅没有掩护作用，反而会让它越发显眼。动物学家说，斑马的斑纹在狮子或其他的猛兽眼中，会形成混乱形象，让它们眼花缭乱。

在加勒比海和别的热带水域中，有许多种鱼，比如四眼蝴蝶鱼，在接近尾巴两侧的地方，各长了一个醒目的大斑点。斑点中间是黑色，被浅色圆圈围着，如同一双大眼睛。科学家说这眼状斑点是用来扰乱天敌视觉的。

同学们，你们肯定都见过蝴蝶吧？你知道漂亮的蝴蝶也会诈敌吗？有些蝴蝶不但有十分夺目的眼状斑点，而且每一翅膀后方都长有凸出的部分，看上去酷似蝴蝶的头、触须和脚。这些眼状斑点有时会起阻吓作用。鸟飞近时，蝴蝶会突然张开翅膀，露出一副凶狠“面孔”吓退天敌。有些毛虫也会利用身上的眼状斑点吓走雀鸟。

鲽鱼的色素细胞可扩张或收缩，随之改变表皮透露出来的色素，可与光亮松软的沙质海底、乌黑的泥泞海底，或斑驳的沙砾海底浑然一体。科学家把一条鲽鱼放在水箱内，箱底面上有方格图案，几小时后，鲽鱼身上竟然出现了基本相同的方格图案。

其他的鱼也有类似的色素细胞。章鱼、变色龙和一些蜥蜴都会变色，有几种虾和蟹也有迅速变色的本领。

有些动物则多是在愤怒或恐慌等特殊情况下才会变色。青蛙和蟾蜍变色，除因情绪变化外，还受温度变化的影响，有时候也为了配合周围环境。不过无论是鱼还是青蛙，变色并非是随意的，而是反射作用的结果。

诈敌术

1.动物常用什么做伪装？

2.在热带水域中的四眼蝴蝶鱼，在接近尾巴两侧的地方，各长了一个醒目的大斑点。斑点中央是黑色的，被浅色圆圈围着，好像一双大眼睛。请说出这眼状斑点的作用？

识破真相

1.动物常用身体的颜色、形状和姿态做伪装。

2.这眼状斑点是用来扰乱天敌的。

“兽王”之冠该给谁

人们常说老虎是“百兽之王”，不过也有人说狮子是“兽中之王”，为什么说动物世界里存在两位大王呢？究竟该封谁为王呢？

谁为王？

老虎与狮子究竟谁是“百兽之王”？

人们称狮子为“兽中之王”，并不是或不完全是因为它比其他兽类强大。颈上长有长而密的鬣毛的雄狮，非常威武雄壮，作为狮群的象征，很有“王者气概”。雄狮的吼声也十分洪亮，颇能震人心魄，可谓兽类之首。老虎虽也有深沉的啸声，但仍比不上狮吼来得吓人，至于其他的豹叫、马嘶、犬吠、狼嚎，那自然更是不可同日而语。

老虎被称作“百兽之王”，因为在食肉猛兽中它是最有威力的一种，山林中的野兽大多对它敬而远之，连大黑熊和成年雌象，看到它都要赶紧逃之夭夭。

实际上，狮子和老虎在兽类中并非是最强大的。在非洲，狮子碰到比它高大的大象，或是比它更凶猛厉害的犀牛、公野牛，也要远远躲开。即使是在与野牛、长颈鹿进行搏斗时，偶尔也会有被它们踢断肋骨或肩胛骨的事情发生。

老虎虽然也有“百兽之王”的美称，但是一旦碰上大公象，也只能溜之大吉，不然粗大的象鼻袭来，再凶猛的老虎也是难以承受的。就算遇上的是雄野猪，老虎也同样不敢冒然进犯。

由此看来，“兽王”的桂冠给谁戴都有些牵强。老虎和狮子不但从未决出胜负，且与其他高大动物相比，也有处于弱势之时。就算它们有了高低之分，离“王”的封号好像还有一段坎坷之路要走呢！

封我为王

1.被称为“百兽之王”的是什么？

2.人们给狮子以什么美称？

我给封王

1.老虎常被称为“百兽之王”。

2.人们称狮子为“兽中之王”。